イギリスに学ぶ

商店街再生計画

「シャッター通り」を変えるためのヒント

足立基浩
［著］

ミネルヴァ書房

はじめに

日本の地方都市では中心市街地のシャッター通り化が深刻である。空き店舗率は六・八七％（一九九五年）から八・九八％（二〇〇六年）、そして二〇一二年時点で一四％と特にこの五年ほどで急増している。

そのような日本の状況とは対照的に、イギリスでは中心市街地の民間投資が近年急上昇している。つぎのデータをご覧頂きたい。

14％（一九九四年）→35％（二〇〇五年）→42％（二〇一一年）。

イギリスの中心市街地への商業投資が全国の商業投資全体に占める割合の時系列データである。一九六〇～七〇年代はストライキの頻発などいわゆるイギリス病に悩み、失業者が増え中心市街地も衰退した時期であった。

しかし、その後見事に回復した。イギリスの中心市街地経済が今、いかに健全に発展しているかがわかる。

私は五年間イギリスに住み、その後も一七年間、イギリスに通い続けてきたが、毎年訪れるケンブリッジやその他の地方の中心市街地では年々人が増えているように思う。しかも、郊外型の大型小売店もあるにもかかわらず、である。

日本の常識では、郊外の大型ショッピングセンターの登場は中心部の商業施設をシャッター通り化させる方向に機能する。同じ島国であり、議院内閣制などを含めシステムに類似点が多い日本とイギリス……。

この差は何なのか。

これを調べることが本書を書くきっかけとなっている。

調べてみると、イギリスでは個性的なまちづくりが促され、観光都市を含め地方都市に様々な可能性をもたらしていることがわかってきた。消費の街、観光の街、産業の街……。

二〇一二年夏のロンドン・オリンピックの現地中継を見て、その街並みの美しさと都市の躍動感にうっとりされた方も多かったのではないだろうか。ロンドンに限らず、競技の舞台となった中部コベントリーや北部ニューカッスルなど、味のある地方都市が多い。過去の歴史を活かすことが個性につながり、観光客を魅了している……。そこには計画されたセンチメンタル価値（地域愛の価値）がある。建物の概観は古い伝統を保ち、その中身はリニューアルする。これがイギリス流の手法といえる。

一方、現在の日本の地方都市のように、郊外型店舗が中心市街地を衰退させるような政策を展開していては「地元住民のみが（短期的に）幸せな消費の街」という狭い選択肢しかもたないまちが出来上がってしまう。その先には人口減少・高齢化が進み、徐々に経済規模を縮小させるような持続可能ではないまちが誕生してしまう。観光客も呼び込めるようなまちづくり。外部から所得を落としてもらえるような多様性のあるイギリスのまちづくりが必要である。

私は一〇数年にわたって各地の地方自治体のまちづくりに関する委員会メンバーをつとめ、各種まちづくりの意思決定にかかわってきたが、日本のまちづくりはどうしても「都市計画などのルールの不明瞭さ」、そして、東京ばかりを追いかけて「没個性化」する姿ばかりが目立つように思う。意思決定も遅い。

イギリスでは、二〇一〇年五月に一三年の年月を越えて政権交代が実現し、保守党キャメロン政権が誕生した。キャメロン首相は財政再建を政権の優先課題として掲げ、二〇一四年までに一一兆円を削減する予定だ。地方都市の予算は削られ、大学の授業料も三倍へと跳ね上がった。

当然、痛みをともなうために市民の反発も根強く、デモ行進は日常の姿となり、保守党の支持率も政権に返り咲いてからの一年で半減した。しかし、日本のような衆議院、参議院のねじれ現象が生じにくく、キャメロン氏は改革を続行している。

キャメロン政権の功罪については別の機会に譲るとして、改革を推し進める姿勢は見習いたい。そして、その背景として自立した市民の存在があることを忘れてはならない。一度、有権者が選んだ政治家を駄目だからといってすぐに諦めるのではなく、育てるという姿勢がこのイギリスにはある。

その結果、イギリスはまちづくりの哲学を維持しており、なおかつ力強い都市再生が可能となっている。日本もそうなってほしいし、そうなれる可能性は十分にある。そのために本書では、今日の都市再生の原型を形づくったイギリスのかつての政策についても多くの紙幅を割いている。

読者としては、行政職員、NPO関係者をはじめ、地方都市再生に携わっておられるありとあらゆる方面の皆さんを想定している。失いかけたまちづくりの希望を取り戻すために、本書において様々な事例・制度を知り、再生へのヒントをみつけて頂ければ幸いである。

イギリスに学ぶ商店街再生計画――「シャッター通り」を変えるためのヒント　目次

イギリス・イングランド南東部，ウィンザーの商店街

はじめに

本書に登場する主要都市

すべてが失われようとも、まだ、未来が残っている……。

――C・N・ボヴィー

序　章　イギリス流まちづくりの秘訣

——なぜシャッター通りにならないのか——

海外の事例をもとに日本の都市再生、特にシャッター通り化が深刻化な中心市街地の再生について考えるのが本書の目的である。しかし、海外の諸事情はあまりにも日本の事情と異なるために参考にならないことが多い。

アメリカは日本と比べて都市システム（州を中心とする）の面で比較研究をするには難しいし、ヨーロッパ大陸も国境の存在をはじめ、その政治経済が宗教的な要素によって規定されており、理解が複雑である。近隣の中国は土地が国有化されており、比較考察が難しい。韓国は制度に類似性が見られるが、人口やGDPなどの面で大きく異なる。

そこで、筆者はイギリスを選ぶことにした（ヨーロッパの範疇にありながらヨーロッパ的ではない）。イギリスは筆者の出身大学院のある国でもあるが、何よりも島国である点（国土面積は日本の三分の二）や政治制度の類似性などが比較地を選定する上での重要な判断材料となった。

政治制度でいえば、二大政党制が一九世紀前半から定着しており、また地方自治などの面でも大いに参考になる。人口は日本の半分程度であり、また山間部がほとんど存在しない点などの違いはあるが、基本システムは極めて似ている。

都市再生にしても、大いに参考になる国がイギリスなのである。そして、本書の中心課題である中心市街地の商店街の再生についても、イギリスは日本の参考になる多くの要素をもっている。

結論を先取りすれば、それは都市再生の優先順位の明確な規定、政策を実施する上での潤沢な補助金、そして、まちづくりの人材を供給するタウンセンター・マネージャー派遣制度である。どれをとっても、日本がこれから本格的に力を注がなければならない施策をすでに実施しているのだ。

つまり、イギリスの中心市街地政策は、様々な日英の制度上の差異を考慮してもなお多くの豊かな視座を提供してくれる。

1　「ルール整備型競争」のまちづくり

イギリスの都市再生の歩みを大雑把に分けると、一九〇九年から一九四七年までの戦前を中心とする時期と一九四七年以降の時期とに分かれる。それを分けるのが一九四七年に制定された都市農村計画法（Town and Country Planning Act）である。これは、民間による開発を政府が公共の福祉の立場（公的なメリット）からコントロールし、秩序あるものに誘導してゆくものであった。具体的には、①都市計画制度、②詳細な開発コントロール、③開発利益の社会的な還元など、いわゆる都市づくりの基礎を定めたものである。土地利用制度の特徴として、イギリスのまちづくりについて詳しい西山康雄と西山八重子は、一九四七年法の大きな意義は、保守党・労働党を問わず、政府による詳細な土地利用コントロール、つまり「土地利用権の国有化」を支持し続けた点にある[1]。

と、土地の利用権が、開発を制限することを通じて事実上国有化されている点を指摘している（土地の所有権は個人に属するが）。

つまり、一九四七年法により土地の利用権（開発する権利を含む）を国が掌握することで無秩序な開発を規制することができた。西山らはイギリスの都市再生の特徴として、ＮＰＯなどがまちづくりに携わる「ガバナンス型まちづくり論」と、主に政府が関与する「ガバメント型のまちづくり論」とを区別してその特徴を捉えている。

さらにこの歴史的視座が興味深いのは、戦後、特に一九七〇年代以降は住宅政策を主とするガバメント型まちづくり（政府誘導）からガバナンス型まちづくり（ＮＰＯなどのボランタリー部門とパートナーシップを組むこと）へと変容する様をうまく捉えている点にある。サッチャー政権が競争原理を導入し、「民」主導の再生策を実施しつつも、幅広いメンバー（公的機関、民間部門、ＮＰＯ、市民など）を巻き込みながら都市再生を実施してきたのは事実であり、興味深い。「公的部門の介入」から「競争原理の導入（保守党サッチャー政権）」へ、そして「第三の道（市場の失敗の補完、労働党ブレアー政権）」へと進む中で見られる一連のイギリス経済の発展と同じ過程を、都市政策もたどっているのだ。

さらにまちづくり、特に本書の中心課題である「中心市街地の商店街」と「郊外型大型小売店舗」の共存関係もこうした歴史を繙《ひもと》きながら見ると興味深い発見がある。つまり、それは都市のビジョンを明確にさせた上でのほどよい競争がもたらす両者の共存共栄である。筆者はこれは「ルール整備型競争」によってもたらされたと考えている。

日本のように、巨大な資本をもつ郊外型の大型店舗と中心市街地の小売店を競争させたところで、どちらが圧勝するかは自明である。ボクシングでいえばフライ級とヘビー級を同時に闘わせるようなものだ。選手にとっても観客にとってもこれは面白いものではない。

しかし、一定のルールを決めて競争をさせたとしよう。フライ級は同じような体格の対戦相手で、またヘビー級も同じような形で試合をするというルールである。試合参加者も見学者も増え、ボクシングマーケットは発展する。

形に違いはあるが、この教訓はまちづくりについても一定の応用が可能である。

まちづくりで、「郊外型店舗が中心市街地外に店を出せるのは、中心市街地が空洞化、もしくは歯抜け状態でない場合に限る」というルールをつくったとしよう。

これにより、中心市街地が衰退している状態では郊外に店舗は進出できず、郊外に進出できるときは中心部経済に一定の資本が投下されて活性化されている、という意味で郊外型店舗が最初から圧勝するということがないことにお気づきだろう。

また、このルールの下では中心市街地の経済的な健全度は保たれる。つまり、一定の需要が確保されているために買回り品（例えば衣服や電化製品）のような商品が中心市街地でも十分に販売されることになる。逆に郊外型店舗は競合を避けるために、例えば、食料スーパーに特化するという、いわゆる棲み分けの論理が機能するであろう。

このようなシステムは本書の第4章の実例、シェフィールド市のまちづくりで紹介したいが、こうしたルールがあるからこそ、競争はそのメリットを発揮するのである。そして、この「ルール」の正体こそがイギリス特有の都市計画制度そのものを意味する（詳細については第2章のPPG6を参照されたい）。

ところで、イギリスの都市再生にはもうひとつの特徴がある。それは分権型の都市再生システムができあがっている点だ。イギリスの近年の都市再生を担っていたのは先のガバナンス型の特徴に加えて、第1章で紹介する地域に点在するRDA（地域開発庁。労働党政権下で設立された）と呼ばれるエージェンシー化された都市再生専門機関（日本でいう独立行政法人）である。この機関がイギリスの各地域におけるニーズをほどよく拾ってきた。これが先のガバナンス型で、かつ効率的なまちづくりを実践している。

そして、それを裏づける各種資金がある。イギリスでは実に様々な都市再生のための基金があるが、大雑把にいって近年は競争型のそれと、そうでないものとがある。政権交代ごとに微妙なバランスをとりながら、こうした各種基金（メジャー政権下のSRB〔単一補助金〕など）が利用されてきた。

つまり、一定のルールを決めた上での競争という土俵の中で、地域にあった再生のメニューが用意されているのである。地方の都市再生を地域医療にたとえれば、医者がRDAにあたり、患者に最も適切な処方箋をみつける。そして、必要に応じて国からの資金援助〔国民健康保険制度、まちづくりではSRBなど国家の補助〔後述〕〕を受けながら治療が行われるというものである。その際に、患部だけを治療するのではなく、体全体が健康になるシステムを模索している。それが、都市計画というわけだ。

わりと効率的なわかりやすいシステムだが、実際に中心市街地が日本のようなシャッター通りになっていない理由を探るためには、イギリスのこのシステムを総合的に理解する必要がある。そして、こうした結果、個性的で魅力的なまちづくりが実現されていることがわかるだろう。

2 センス・オブ・プレース——土地のもつ個性

さて、様々な条件を前提とした上でイギリスで育まれている街の「個性」について考えたい。イギリスでは郊外型店舗が存在するものの、中心部の商店街がシャッター通り化しているケースは皆無に等しい。中心部の駐車場も有料なのに週末は人であふれている。

そんなイギリスの景観保全手法とは、外観は基本的に街並みに合わせ、中身を替えてゆくやり方である。そもそも、伝統的な建物は時代を超えて愛されるものでもある。昔ながらの美しい建築物は今でも生きている。そうした、「今でも通じる街並み」に現代的な便利さが加わり、都市を魅力的なものにしている。ロンドン中心部のリージェント・ストリートやオックスフォードサーカスなどはその典型であるが、こうした街並みを活かしながらさらによいまちをつくるのがコンバージョン型再生手法だ。イギリスではまさにコンバージョンしながら街が再生されている。

このように、イギリスには市民の愛着のあふれる「古きもの」が都市に存在するが、それを守り育てることは都市の「持続可能性」にも通ずるとの考え方がある。この点についてサステイナブル（持続可能な）・コミュニティについて著書がある川村健一と小門裕幸は、イギリスの金融街のシティの歴史的建造物の保存事例を紹介し、以下のように述べている。

ロンドンのシティは世界の金融の中心として栄えている。イギリスが経常収支の赤字に悩む頃、かなりの部分をシティの収入で補塡したといわれる。八〇年代金融の国際化が進み世界各国の銀行・証券の業容拡大・進出ラッシュにわいた。オフィススペースが不足したが、シティはかたくなに増床を認めなかった。歴史的建造物保存のため、旧いビルは高層近代建築に建て替えることが許されず、屋内の改装により新規需要・インテリジェント化に対処した。今なお、町のアイデンティティは保たれ、大英帝国の佇まいを残している。[2]

図序－1　ロンドンの中心部（レスタースクエア）
2011年９月に筆者撮影。

このように、イギリスではロンドンの世界的金融街ですら街並み保存の対象となっている点には驚かされる。現代的な利便性のみで都市づくりがなされていない、「時間・空間を横断するような価値」を重視するイギリスの懐の深さがうかがえる。今後の日本のまちづくりも、イギリスに眠る広い意味での都市の価値を再発見し育てる作業に学ぶべきである。

また、イギリスには都市再生の考え方（哲学）にセンス・オブ・プレース（Sense of Place）というものがある。筆者はまちづくりで最も必要な概念としてセンチメンタル価値（Sentimental Value）という考え方を挙げているが、これは街への愛着の価値のことである。イギリスではセンス・オブ・プレースがこのセンチメンタル価値と同じ意味で利用されており、自分の住む街の好きなところや、思い出のスポットを育てることがまちづくりにつながると考えられている。

地域の人々にとって愛着がある場所が多く、しかもそれが地域のアイデンティティにつながっている。しかも、愛着がある場所は人々にまちづくりへの参加を促す……。重要な概念である。

なお、イギリスでは先述のようにメジャー政権後期の一九九四年から単一補助金（Single Regeneration Budget：通称ＳＲＢ）という制度が導入されている。二〇〇四年に日本で導入されたまちづくり交付金制度（利用目的の制限が緩和されているため使い勝手がよく、自治体から人気がある）のモデルになったともいわれている制度である。

　この制度を利用して様々な都市再生が実施されてきたが、中でも注目に値するのは中心市街地活性化事業と郊外型開発の両立を図ったシェフィールド市（イングランド北部）の事例である。ここでは、大規模な資金を投入して伝統ある中心市街地と、中心地から五キロほど離れた超大型の郊外の大型小売店舗「メドウ・ホール」とを公共交通のＬＲＴ（Light Rail Transit、路面電車の一種。輸送力の軽量な新型交通）で結び、中心市街地の商業施設の売り上げが伸びるなどの成果を挙げている。

　その成功の秘訣は両地区（中心商店街と郊外型店舗）の差別化の実現とそれを約束する都市計画にある。中心市街地は歴史的な街並みを楽しむ観光客やシネマなどのアミューズメント、また郊外店舗は買い物の拠点としてそれぞれが魅力を発揮している（筆者がイギリスで実施したアンケート調査でも中心部の魅力のトップは「歩いて買い物をすることが楽しいから」であった）[3]。イギリスでは商店街と郊外型の大型小売店とが共存共栄の下で都市の価値の総和が最大化されるようなまちづくりがなされており、日本でもこの「共存共栄」的な視点から都市再生を構築する必要があるが、残念ながらその方向性を見失っているのが現実である。

3　活性化の方程式と3つのS

ところで、筆者がここ数年のイギリスのまちづくりについて調べる中、現場の声を参考にみつけたのが、

「まちの魅力」－「交通コスト」＝「リピーター度」

という方程式である。

中心市街地にリピーターを増やすためには、街の魅力を高め、コストを下げる。この差の部分（経済学では余剰というが）が大きければ大きいほど、リピーターが増える。経済の基本原則である。にぎわっている商店街にはほぼ確実にこの方程式が成立している。

イギリスの街は、この点で魅力の増大のために非常にうまいやり方を実施している。後に紹介しよう。

さらに、「3つのS」と呼ばれる視点も重要である。

街の魅力を高めるために、また郊外の大型小売店と差別化を図るためには街の個性の価値

（第一のＳ＝センチメンタル価値）の増大を掲げ、そのためには地域の実情に合った状況診断（第二のＳ＝サーベイ（ＳＷＯＴ分析、都市の総合力を、強み、弱み、機会、脅威などの視点から分析する手法））が必要である。さらに、変化の絶えない経済環境の中でのリスク管理（第三のＳ＝セキュリティ）を考えるものである。

日本の場合、これまで都市再生の失敗例として挙げられてきたのは、例えばテーマパーク型のまちづくりを標榜して破綻した都市や、どこでもあるような活性化策を実行して個性を失った都市（アーケード修復、ポイントカードによる商店街活性化、空き店舗対策などを実施）、別の都市の成功例を真似してみたが上手くいかなかった都市などである。箱物ばかりつくりすぎて財政が破綻してしまった都市もある。

皆さんも、旅行先の駅前がコンビニエンスストアと消費者ローン、そして駐車場だらけになり景観すらも変わってしまった都市をご存知だろう。テーマパーク型を標榜した都市はあきらかにリスク管理（セキュリティ）が甘かった。どこにでもあるような活性化策を実施して結果が出せなかった街は「個性（センチメンタル価値）」の保全・創出管理が甘かった。また、他の都市の成功例をそのまま真似しようとして失敗した街は状況判断（第二のＳ＝サーベイ）が甘かったのだ。

本書ではイギリスの都市再生に鑑みて、特に事例紹介（第４章・第５章）で、都市の個性に注目し、現況分析（SWOT分析）やリスク管理の部分にも視点を注いだ。

4　イギリスからヒントを探る

繰り返しになるが、本書の目的は、イギリスの都市再生をヒントに日本の地方都市の中心市街地の活性化策を提示することである。そして、そのヒントはどうやら各種商業施設をはじめとする街の魅力の差別化と「個性を活かしながらの再生」にありそうだ。

この点を踏まえながら、イギリスの都市システムがどのように構築されているのか、筆者がこれまでに行ってきた調査や分析などから明らかにしたい。

本書の構成は以下のようになっている。

第1章では、イギリスの都市政策の制度と歴史について概観する。

第2章ではイギリスの都市再生における個性の役割と中心市街地の活性化、そして都市計画との関連性について述べる。また、イギリスの都市再生の財源（補助金）の仕組みについても紹介した。

第3章では、都市再生における組織面に焦点を当て、特に中心市街地の活性化に不可欠ともいえるタウンセンター・マネジメント制度（エリア・マーケティングの専門家の派遣）について述べる。

第4章では観光地としては知られていないが、都市としての魅力を十分にもつ中心市街地の再生例を紹介する。普通の地方都市なのでここでの事例は日本の中心市街地の再生にも大いに参考になるものと思われる。また、筆者がイギリスで実施したアンケート調査やヒアリングをもとに、イギリスの中心市街地活性化の特質について分析を行った。特にシェフィールド市の調査結果は中心市街地と郊外店舗の共存が可能か、という問に対する答えでもある。

第5章では、大都市から少し離れた地方観光都市再生のモデルとしてロンドンから南へ下ったドーバー海峡に面するブライトン市を訪問し、その際のヒアリング調査の結果をまとめている。また、将来の観光地化を意識しアート（芸術）をまちづくりのモチーフとして再生を果たしつつあるフォークストーン市とマーゲート市の都市再生の事情について解説している。

終章は全体の議論の総括を行うとともに、日本の中心市街地活性化への視座について述べた。

本書の前半（第2章まで）はイギリスの都市再生・まちづくりの哲学を知っていただくために、都市計画や政策の歴史に紙幅を割いた。後半部分（第3章以降）は日本のまちづくりに参考になる先進事例の紹介を行った。特にイギリスでは郊外緑地（グリーンフィールド：Green Field）の開発は基本的には難しいので、すでに開発がなされている場所（ブラウンフィールド：

Brown Field）の典型として「中心市街地」に注目し、その活性化（＝商店街再生）の秘訣を探った。全体を通じてイギリス流のまちづくりの哲学に触れていただければ幸いである。

注

（1）西山康雄・西山八重子『イギリスのガバナンス型まちづくり——社会的企業による都市再生』学芸出版社、二〇〇八年。

（2）川村健一・小門裕幸『サステイナブル・コミュニティ——持続可能な都市のあり方を求めて』学芸出版社、一九九五年、一九五頁。

（3）足立基浩「イギリスの中心市街地活性化に関する分析」『研究年報』（和歌山大学経済学会）第一一号、一～二一頁、二〇〇七年、もしくは本書第4章の解説を参照。

第1章　イギリス都市再生政策の歴史

――日本との違いは何か――

イギリスの政治の特徴は、二大政党である労働党と保守党が互いに前政権の政策を否定しつつも、他方でよいところは十分に取り入れてきた点にある。中心市街地の活性化もそのライン上にある。

本章では特に一九七九年から一九九七年までの保守党の都市再生策、また一九九七年（五月一日の総選挙で労働党が勝利）から二〇一〇年までの労働党の都市再生策の類似点と相違点について述べたい。

とりわけ、サッチャー政権下の保守党の政策（一九七九年から一九九〇年まで）は、民間活力の利用、またそれにともなう競争主義の導入に特徴づけられる。また、一九九七年から政権与党を引き継いだ労働党も、前保守党政権の政策的レガシー（遺産）を引き継いだ感があるが、貧困対策や衰退地域の再生をめぐる政策において両党のスタンスは異なる。保守党が人口規模が比較的大きい都市部の再生をより強固に支援してきたのに対し、労働党は都市の均衡的発展を基礎とし、地方都市のコミュニティ再生などに力点を置いてきた。

詳細は後述するが、保守党政権は都市開発公社（UDC）と呼ばれる民間資金を呼び込む再生機関を中心として都市再生を進めた。また、その基礎は自由主義的な発想と規制緩和を主とするエンタープライズゾーン（経済再生特区）の推進にある。一九九七年以降政権を担った労働党は、一九九三年に設立されたイングリッシュ・パートナーシップス（前保守党下の制度）を経てRDA（地域開発庁）による分権型再生策を重視したが、二〇一〇年、再び保守党が政権に返り咲いた。

中心市街地再生の実施主体も、微妙に異なるこの二つの政党が政権交代ごとにその任についてきたのである。

早速、イギリスの都市政策の歴史を概観してみよう。

1　一九四六年以降の都市計画・開発政策——無秩序な都市の拡散を防ぐ

第二次世界大戦後、一九六五年までのイギリスの都市計画・再生の歴史はいくつかの段階に分類される。初期は戦後直後の時期で一九四五年から一九六八年までである。この期間は主に戦争によってダメージを受けた道路網の再構築や、建物の建設、住宅不足への対応であり、無秩序な土地の開発を抑制するために都市計画制度が整備されていった時期でもある。

より具体的には、無秩序に都市が開発される「スプロール」や「リボン型開発」（幹線道路に沿ってリボン状に住宅が開発されること）と呼ばれる現象に対する規制であり、戦前はリボン型開発抑制法（一九三五年）としてあったものが、戦後には一九四七年に成立した都市農村計画法

(Town and Country Planning Act) でまとめて取り扱われることとなった。また、戦後の主な都市政策は、ニュータウン政策と呼ばれる郊外の新興住宅地の開発促進策や郊外緑地（グリーンフィールド）保護への対応が中心であった[1]。

特にニュータウン建設は緑地（必ずしも農地ではない）の開発をともなうものであったが、これは一九四六年に導入されたニュータウン法（New Towns Act）によって計画的になされるようになった。一九四六年から一九七〇年までに、ロンドン北部の都市ピーターバラ市を含め計二八のニュータウンが建設された。

一方、イギリスの都市計画として名高いグリーンベルト政策（郊外地区を開発禁止の緑地に指定）であるが、これは一九三五年に開催された大ロンドン地域計画委員会（Greater London Regional Planning Committee）にて審議が行われ、一九三八年にはグリーンベルトの指定がなされる運びとなった。二〇一〇年現在では一六〇〇万へクタールにおよび、イギリスのイングランド地区では現在一四箇所にわたってグリーンベルトゾーンが設定されている。イギリスの田園風景を守る施策の代表といえよう。

この時点で規制が厳しいイギリスの都市計画制度の原型が築かれたことになる。逆にこのことが開発を中心市街地もしくはブラウンフィールド（すでに開発されてきた地区）にその対象を向かわせたのである。この点は開発の方向性が郊外や農地に向かいがちな日本と決定的に異なる。つまり、イギリスでは農地は原則的に開発できないので、中心市街地の再生こそがイギリスの都市再生のメインテーマとなるのである。

そして、一九六〇年以降は中心市街地の再生などを含め、都市再生に重点が置かれるようになった。

2　一九六〇～七〇年代前半の都市政策――中心市街地の貧困対策

一九六〇年代と一九七〇年代におけるイギリスの地方都市再生の特徴として、アーバン・プログラム（Urban Program）と呼ばれる基本政策の存在が挙げられる。自治体が実施する社会的・地域的な事業に対し、その七五％の資金援助を行うというこのアーバン・プログラムは一九六九年に法律的に定められ、当時問題化していた様々な地域の問題に対処することを目的とした。一九四七年に制定された都市農村計画法の精神を、都市政策として実現させるものとして導入されたものである。

イギリスの都市・住宅問題に詳しいロンドン大学LSE校（経済大学院）教授のクリスティン・ホワイトヘッド氏は、このアーバン・プログラムこそが、イギリスの本格的な都市再生策の始まりだと指摘している。これ以降、矢継ぎ早に様々な都市再生策や貧困撲滅策が実行されるようになった。この時期こそが現代に通じる都市政策の萌芽期といえよう。

ところで、一九七〇年代に入るとイギリスでは特に中心市街地の衰退と治安の悪化、もしくはインナーシティ問題と呼ばれる、住環境がよい郊外地への富裕層の転出問題（その結果、都市内部には貧困層が残余化する）が深刻化した。一九七二年にはピーター・ウォルカー環境庁長官（当時）が、リバプールをはじめとするいくつかの大都市でインナーシティ問題がかなり深刻化しているとして、その対策強化を経済政策の最重要課題のひとつとして大きく位置づけた。

そして、この頃から一連のエリア（地域）をまとめて再生させようという動きも注目されるようになった。この手法は、それまでの市町村単位の小さな区域の開発などと異なり、「地域主導システム（ABIシステム）」[2]と呼ばれ、以降イギリスの都市再生の基礎をなすこととなった。さらに、この時期からコミュニティを再生させるためのプロジェクトもいくつか実施されることとなったが、これらは中心市街地の活性化というよりも、都市の貧困問題の克服として扱われている点に注意する必要がある。政権の性格によっても異なるが、衰退地域を再生させることが国全体の復興につながるとの考えが一九七〇年代前半の政策哲学の主流であった。

これらは日本で一九六二年からスタートした全国総合開発計画（一九九八年までに約一〇年おきで計五回策定）と類似しているが、イギリスの場合、単に企業誘致などを目的とする大型開発ではなくコミュニティの再生が都市政策の主目標である点に特徴がある。また今ある不動産やインフラを有効活用、リノベーション（修繕）しながら都市を再生させるタイプの再生策が多い（本書では、これをコンバージョン型再生と呼ぶ）。さらに、従来中央政府（日本では経済産業省や国土交通省など）の役割だった任務が徐々に分権化され、中央政府は地方自治体の機能を補完する役目を果たせばよいという、いわゆる「補完性の原則」が徹底している。

特にこの時期、イギリスでは地方経済は荒廃し、規制緩和など市場機能を重視した政策や旧来の公共事業などを行う手法では解決できない都市問題が山積みであった。地方都市の活性化の必要性も重要課題とされており、こうした課題に立ち向かったのがこのアーバン・プログラムである。アーバン・プログラムは一九九〇年代まで続いた。

このアーバン・プログラムについて、カリングワースとナディンは（貧困地域の再生に対してどこまで同プログラムが貢献できたのかについては今後の研究を待つ必要があるが）これまで五七の対象地域において約一万の計画が実行されてきた。また、約二三億ポンド（約三二〇〇億円。以下、日本円換算は当時の為替レート）が一九九二年度から九三年度に提供された。その後、アーバン・プログラムは単一補助金制度（後述）へと引き継がれていった。(3)

と、このプログラムの規模の大きさを指摘している。

イギリスの一九六〇年代、七〇年代は地方都市はもちろん大都市においても貧困が顕在化し、より強力な都市再生システムの構築が期待されていた。その後の一九八〇年代はストライキが多発し、経済的にも停滞ムードが漂っていた。こうした背景の下、労働党政権下の伝統的な社会政策や労働組合組織などに批判が集まるようになった。

そのような中、経済政策において新自由主義を推奨するサッチャー政権が誕生したのである。(4)

3　一九七九～九七年の都市政策──サッチャー政権下の保守政策

市場主義の時代

一九七九年から政権の座についたマーガレット・サッチャーは矢継ぎ早に市場主義的な都市政策を打ち出した。ここでいう市場主義とは、基本的には規制はできるだけ緩和して企業の成長を促進させようという考え方で、それにともなう財政のスリム化が期待された。その代表的な策が以下に述べる二つの手法である。

それらは、都市開発公社（Urban Development Corporation：ＵＤＣ）と呼ばれる半官半民の開発企業体の設置と、エンタープライズゾーン（Enterprise Zone：規制緩和型経済特区、EZ）と呼ばれるいわゆる市場機能を重視した経済再生特区の指定である。UDCとEZの詳細については次節以下を参照されたいが、この頃から、それまで都市再生の主役だった公的機関の役割は徐々に隅においやられることになった。いわゆる民活・規制緩和の時代の到来である。

この点について、経済地理学者のタロンは以下のように述べている。

一九七九年にサッチャー政権が誕生すると、民活の名の下に都市再生も新たな局面を迎えることになった。特に興味深いのは民間と公共によるパートナーシップの形成である。都市再生はもはや公の分野ではなく、民間の活力をどのようにうまく取り入れるかが重要な要素となっていた。特に一九八〇年代の初頭には都市問題の多くはマーケット的な発想でその多くが解決できるとの考えが強くなっていた(5)。

「連携」や「効率性」が要望されたのは、行政の側もそうであった。内務省、教育省、労働省などの縦割り行政の「よこのつながり」を「都市再生」の名前のもとに結実させ、これ以降、特に省庁の再編が頻繁に行われるようになった。

こうして、その後少数からなる専門家集団による諮問機関、タスクフォース（Task force）

が誕生した。この機関には民間非営利団体、民間企業、地方政府、中央官庁など様々な主体が参加した。そして、民間活力・資金を利用しながら地方の都市再生を促進するための策がここで練られた。

エンタープライズゾーンの創設（一九八一年）

この時期に導入されたエンタープライズゾーン（経済再生特区）は、その名の通りある地域において規制を撤廃し、エンタープライズ（＝企業）を呼び込み、経済再生を図る地域のことである。エンタープライズゾーンは一九八〇年の地方都市計画・土地法の中ではじめてその姿を現したが、基本的に米国型の都市計画の発想と類似している。一九七八年に発行された保守党の選挙公約パンフレットには「自由港」という発想がうたわれている(6)。自由港、つまり最小限の都市開発規制のことである。

この特区内においては企業の法人税率を下げ、また開発における各種申請手続きは簡素化された。一九八一年に導入され、当初は六つの都市がエンタープライズゾーンの指定を求めて国に応募した。こうした応募型のシステムは日本における中心市街地活性化法の内閣府への申請・応募方式（二〇〇六年からスタート）とよく似ている。ロンドンのドックランド地区（テムズ川河岸）は、企業の参入の手続きを緩和するなどエンタープライズゾーンの代表例として特に知られている。

一九八四年までに二五の都市（地区）が申請し、その後二〇〇六年に受付を終了するまでに実に三八もの申請があった。その具体的な措置とは、

1．エンタープライズゾーン内においては商業ビル等の改築、新規建設は資産投資とみなされ、一〇〇％の開発関連税の控除が認められた。
2．ビジネスレイト（法人固定資産税）が免除となった。
3．新規建設における行政手続きの簡素化が行われた。

などである。

ロンドン市内のエンタープライズゾーンは、一九八一年から一九八四年までの間に一一の地区で指定され、ゾーン内において合計七〇〇の中小企業が企業立地を行い、八〇〇〇人もの雇用を生むなど経済再生に一役買った。特に、ウェールズ地方のスウォンジー市では三八四の企業立地と六〇〇〇人の雇用を生み、そのうちの約七割がサービス業であったとの報告がある(7)。

一方で、一般にこうした効果は地域内部での雇用や企業の移動が大半であり、新たに仕事を

創出したのではないとの批判もある。その代表的なものが、「地域全体でいえば、減税された場所へ企業が移っただけで、つまりマクロ経済で見ると税収はもちろん域内総生産までもが減少した」との見方もある(8)。

実際に、スウォンジー市では、実に八〇%のエンタープライズゾーン内の企業がその近郊都市からの移動であり、この地でビジネスをスタートさせたのはわずか二九%程度であった(9)。

この点は日本の地方都市にも似たような現象として郊外型大型小売店舗の開発がある。郊外型のショッピングセンターは一見、市民生活を向上させたかのように思えるが、それは中心市街地などから顧客を移動させただけであり、しかも郊外型店舗の収益の多くは本社が存在する大都市に転出するために、都市全体では総所得は減少したとの見方がある。いわゆるゼロサムゲーム的状態（合計では富は増えることはない）との指摘である。

さらに、エンタープライズゾーンによる政策について以下のような批判もある。アルメンジンガーは、

「将来この町をどうするのか」という、いわゆる都市ビジョンについて、こうした政策は無力であった。さらに、一九八〇年代のイギリスでは不動産業を中心とした不況期にあったが、

エンタープライズゾーンを設けたところでマクロ経済の悪化を抑えることはできなかった[10]。と、不況期に同制度を設けたこと、つまり、規制緩和のみで都市再生を試みることには限界があると指摘している。さらに、都市計画に詳しいカリングワースとナディン[11]はエンタープライズゾーンのもつインセンティブ（企業誘引）機能そのものについて疑問を投げかけている。その後、労働党政権を経てエンタープライズゾーンはいったん影を潜めるが、二〇一〇年に政権与党に返り咲いた保守党は二〇一一年三月に新たに二〇地域のエンタープライズゾーンの復活を宣言した（追加指定を行った）。

都市開発公社（一九八一年）

続いて一九八〇年代における都市再生の枠組みの中で特徴的といえる「都市開発公社（UDC）」について見てみよう。

サッチャーの最も気に入った政策のひとつが、この都市開発公社を用いた都市再生だといわれている。地方都市計画・土地法（一九八〇年）を根拠法として都市開発公社が制定され、その主な目的は都市の再開発、既存不動産の修繕などであった。

ところで、UDCがある意味最も期待されていたのは民間企業の資金の呼び込み（投資誘発効果）である。つまり、都市開発公社のような中間組織が間に入り民間からの投資を誘発することで、なるべく公的投資（＝税金）を削ることが期待されていたのである。実際、この時期のイギリス国内における都市開発は量的には大きく進展した。

しかし、ネガティブな側面もある。前出のタロンは

UDCの構成メンバーは地域のビジネス界の代表ばかりであり、一般市民の参加は皆無に等しい。そして、不動産開発と市場主義をそのモットーとし、いわゆる特定地域の再生を目指すものであった。一三の地域にUDCが指定され、土地の収用権も付与されていた。資金の捻出についてはUDCと中央政府とが土地開発を行い、後にその土地を売却することによって得られる開発利益からなっていた。その任務は五年から一五年というものであったが、その開発には地域住民の意見は全く反映されず、しかも、土地環境を壊しただけとの批判もある。[12]

と、UDCに対し批判的な見解を述べている。このように、UDCが都市経営の効率性を重視するあまり、それが地域全体の住民の厚生（満足度）をどれだけ増加させたのかについては疑

問の声も多い。この頃、イギリスの中心市街地はやや衰退傾向を見せていたが、「住民不在」で商業空間や住宅の活性化を図ろうとする姿勢がこうした事態をもたらしたのかもしれない。

その後、都市開発公社（UDC）は一九八九年に発生した不動産不況のあおりを大きく受け、一九九〇年以降大きくその機能を後退させることとなった(13)。

ところで、この時期は中心市街地に多い公営住宅の老朽化も地域の再生において大きな社会問題となっていた。政府は一九七九年から公営住宅の質を改善させる「優先住宅建設計画（Priority Estate Project）」をスタートさせた。さらに政府は都市再生ユニット（Urban Renewal Unit）を一九八五年に立ち上げ、公営住宅の質の改善を図ったのである。これは、後にエステート・アクション（Estate Action）と呼ばれ、公的セクターの経営改善を行うための資金措置なども伴った。八年間で約二〇億円もの予算が費やされたが、その結果は乏しかった。特に、既存住宅の質の改善というより、地域全体を再開発する手法が選ばれたためにコスト高となり、便益に対するコストパフォーマンスは高くはなかった(14)。

保守党政権の特徴――パートナーシップ

ところで、サッチャー政権時代からの都市再生の特徴として、右記に加え様々な機関が共同で運営するという「パートナーシップ」という概念がある。続いてこの点を見てみよう。

イギリスの都市の仕組みを理解する上で最も頻繁に出てくるキーワードがこのパートナーシップ（連携）である。日本でもまちづくりの分野においてその必要性が叫ばれて久しいが、イギリスでは一九八〇年代当初からこうした議論が極光を浴びていた。

イギリスにおけるパートナーシップの特徴について、ロバートらは以下のように述べている。

> 政策における意思決定に様々なステークホルダーが関わることでより効率的な公的資金の資源配分が可能となるであろう。さらに、パートナーシップを組むことでより公平に都市問題に対処できる。そして、住宅政策であれ、教育政策であれ、地域のことは地域で対処することが可能となる。パートナーシップを組む場合に当然として地方自治体がその中心となるが、このことにより地域ごとに必要な情報が各主体にうまく伝わるようになる。(15)

ロバートが指摘するように、こうしたパートナーシップは様々な有用性があるがゆえに補助金申請の際にも重視された。その典型的な例が一九九四年に登場した単一補助金（Single Regeneration Budget：SRB）の運用である。SRBは、保守党政権下において誕生した省庁横断的な都市再生に関する補助金である。SRBの詳細については第2章にゆだねるが、以下パートナーシップとは何かを概観するためにSRBとパートナーシップの関係について少し見てみよう[16]。

SRB（助成金）を申請する際に民間やNPO（ボランタリーセクター）とのパートナーシップが必要となるのは、都市経営において規模の経済を効率的に働かせようとのねらいがあるからである。

規模の経済とはいくつかの主体が共同で運営することによって一種の経済波及効果を生むことを意味するが、パートナーシップを組めばこれを地域レベルで効率的に行うことができる。特に財政管理、運営管理などの分野が最も効率的といわれている。

また、シナジー効果（共鳴効果）も期待できよう。いくつかの主体がパートナーシップを組むことによって、各主体が自らの個別案をさらに精錬されたものにする。相手の動きによって自分が刺激されることで、よりよいサービスが提供できるからである。

加えて、パートナーシップを組むことで「似通った事業案」を回避できる点も挙げられる。これは縦割り行政でありがちな重複業務・サービスを回避するのに役立つ。

さらに、様々な主体が一緒になればそれだけ市民ニーズにあったサービスが期待できる。分野によっては民間よりも非営利団体（NPO）の方が強く、また資金面でも補助金と民間資金を組み合わせれば事業規模は拡大しリスク管理も強化できる。こうしたSRBのパートナーシップは基本的には行政主導で行われた。

なお、メジャー政権時に誕生したのがイングリッシュ・パートナーシップス（English Partnerships）と呼ばれる機関である。これは、各省庁が母体になったものではなく、ニュータウン公社（Commission for New Town）が母体となっている。一九九三年にスタートし、文字通りパートナーシップを基調としながら「再開発」を主な仕事としている。

以上、一九八〇年代から一九九七年に労働党が政権をとるまでの保守党時代のイギリスの都市再生に関する基本構図を概観してきた。その哲学は民間活力をなるべく利用した形での再生であり、組織としては都市開発公社（UDC）が主役であった。そして、各主体と連携しパートナーシップを組んで様々な策を実行していった。中心市街地問題もこの時期には「民活」がキーワードとなる。しかし、こうした手法が地域の貧困問題を抜本的に改善させたかについては疑問符がついた。

その後、サッチャー政権は人頭税と呼ばれる一種の固定資産税を導入したことで市民の反発を買い、一九九〇年にはジョン・メジャーに政権運営をゆだねることとなった。この時期、民間主導では国民全体の満足度を高めることができないとの批判もあった。失業率も一九八二年から八七年にかけて二桁を超えた。このような経済的な低迷もあってメジャー政権も長くは続かなかった（一九九〇～九七年〔五月一日の総選挙で大敗〕）。そして、労働党政権がその後誕生することとなった。

4　一九九七～二〇一〇年の都市政策——市場重視から地域重視へ

アーバン・タスクフォース会議とＲＤＡ（地域開発庁）の設置

労働党政権（一九九七年以降）はコミュニティの再生、貧困の撲滅をモットーに、基本的には保守党の都市再生を継承しながらさらに様々な制度を導入した。ただし、保守党的な市場重視の政策からやや距離を置いた点に労働党政権の政策の特徴がある。

アーバン・タスクフォースとは、労働党が新政権になってからつけた都市再生に関する会議の名称である。二〇〇一年に日本で設置された経済財政諮問会議のようなものといってよい。これは、特に衰退の激しい地域の再生を果たすための戦略を練る機関である。一九九九年には

「都市再生ルネッサンス報告書（Towards Urban Renaissance）」が出版され、注目を集めることとなった。一九七七年と二〇〇〇年の都市白書には、古いバリアー（制度）の排除が声高にうたわれている。また、地域の均衡的な発展も政策軸をなしていた[17]。

中心市街地活性化に関する施策もこの諮問機関の意見に影響されたところが大きい。

一九九九年には労働党政権はその目玉として、ＲＤＡ（地域開発庁：Regional Development Agency）を設置した。これは地域の経済再生を一手に狙う組織で、イングランド地方ではロンドンを除く九箇所に設置され、雇用の増大や土地の再開発、また新規事業のスタートアップの支援などを主な任務とした。基本的には、前保守党政権時に設立された「イングリッシュ・パートナーシップス」から任務が移管されており、その主な役割は地域の再生・開発の分野であるため、ほぼ似たような存在といえる[18]。実際に、ＲＤＡはイングリッシュ・パートナーシップスが所有していた土地資産などを引き継ぐこととなった[19]。

ＲＤＡの政策を実行すべく、一九九九年には都市再生会社（Urban Regeneration Companies：ＵＲＣ）が設立された。都市再生会社は、アーバン・タスクフォースの答申を受けて設立された民間を中心としたパートナーシップ形態の組織であり、ほぼ民間資本の開発会社といってよい。イングリッシュ・パートナーシップスや（その後に設立された）ＲＤＡから資金援助を受け

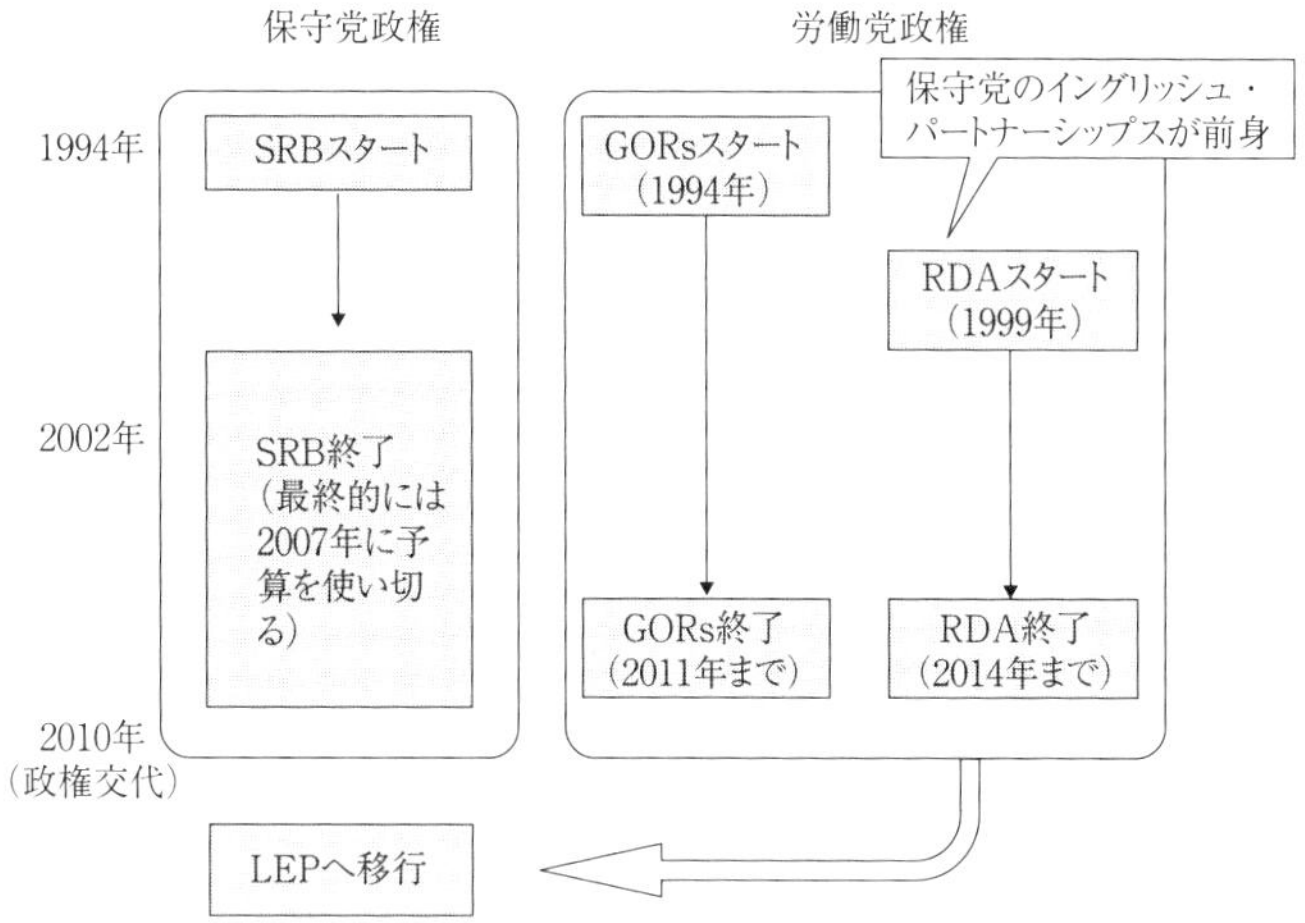

図1－1　RDAとGORsとの関係

て、土地開発などを担当した。一九九九年にパイロット的に、リバプール、東マンチェスター、シェフィールドなどで設立され、二〇〇八年後半までに二二のURCが設立された。さらにその後、三つの経済再生会社（Economic Development Companies）が設立されることとなった。

RDAとGORs（地域・政府事務所）

ところでエージェンシー化されたRDAと、それを監督する役割を有する行政機関のGORs（地域・政府事務所：Government Office for the Region）との関係について説明したい（図1－1参照、グリニッジ大学のケネル氏のヒアリング調査による）。なお、GORsは保守党政権下の一九九四年にすでに設立されている。

基本的にはＲＤＡは民間に近い公的機関であり、そのようなＲＤＡの行政監督を行うためにＲＤＡと同じ地域にＧＯＲｓが存在している。ＲＤＡが地域再生の実施主体として再生の具体的な再生策を管理・運営するが、政策実施における許認可については、ＧＯＲｓが行う。ＧＯＲｓは地方分権を進める上での中央政府の意向を伝える機関で、自己財源も有しており、欧州基金の受け皿にもなっていた。

日本の各地方への行政機関の出張所と似ているが、日本との大きな違いは扱う予算の規模といえる。一度に数十億円の助成金を動かせるイギリスのＲＤＡには実行力と機動力がある。

労働党の政策の光と影

ところで、この頃の労働党の基本スタンスはマーケットを重視しつつ、市場が失敗した場合の穴埋めをするという意味での「第三の道」[20]と呼ばれる政策が主であった。つまり、財政政策を重視する過去のケインジアン的政策とも一定の距離を置き、過度に市場機能も重視することもなかった。この点で保守党的な政策とも異なっている[21]。

一九九八年に都市再生における基本方針「イギリスとともに（Bringing Britain Together）」が発表されて以来、一八の政策アクションチーム（通称ＰＡＴｓ）が設立された。このチームの特徴は学識経験者から市民一般までと幅広い市民の意見を吸い上げた点にある。ＰＡＴｓは六〇〇項目もの政策提言を行った結果、近隣地域の再生策（National Strategy for Neighborhood Renewal）にその一部がもり込まれた。さらに、様々な貧困（Multiple Deprivation）基準を示した政策が実施されるにいたった。貧困の度合いを基準化し、どの地域が支援を必要とするのか正確に把握しようとする試みである。このように、将来的な貧困の撲滅と、当面の地域の再生を優先させる方針こそが、この時期の労働党の政策の特徴ともいえよう。

しかし、こうした労働党の手法も二〇一〇年五月に行われた総選挙において保守党が大勝したことにより、再び規制緩和型であり、財政にあまり頼らないエンタープライズゾーン政策などが復活することとなった。労働党の都市政策はいつの間にか借金に依存する体質になっていたのである。

ＲＤＡの廃止

労働党政権の産物ともいえるＲＤＡだが、その後再生の効果については疑わしいとの見方も出てきた。費用対効果の観点から、地域ニーズをどこまでＲＤＡ体制が吸収できたのか、また、それが費用に見合っていたのか疑わしいとの批判である。

インタビュー調査に応じてくれたケネル氏によると、ＲＤＡ（労働党の産物）とＳＲＢ（保守党の産物）が共存している期間（一九九九〜二〇〇二年）では互いの機能が重なっており、予算の無駄が発生したという。一方でSRB廃止後は逆にRDAの資金不足が問題化したという（再び図1－1を参照）。

新政権（キャメロン政権）はそのようなRDAを廃止するとの意向を示した。ケネル氏によると、サブプライムローン問題が発生して以来、新政権は緊縮財政路線をとらざるをえず、衰退地域の再生を重視するRDAを用いた再生策、つまり、前労働党的な都市再生の手法に限界を感じたからだという。

二〇一〇年一〇月二八日に提出された白書では、地域成長ファンド（Regional Growth Fund、以下RGF）なるものの創設が打ち出された。この資金により、都市再生のために一二億ポンド（約一六二〇億円）の拠出が三年の間、行われる予定である。民間企業の報酬カットや失業率の増大などがイングランド北部の地域などでは社会問題となっているが、これをRGFを用いて対応するという。新たな地方の財源確保の手段ともいえるが、こうした手法にも批判がある。

先述のケネル氏は

保守党は政権奪還以来、地方財政が窮するほどに財政を締め付けていながら、一方で（その結果としての）失業者対策・雇用再生を検討している。これは（本当に）可能なのか……（カッコ内筆者のヒアリング時の意訳）。

と、一方で財源をカットしながら別に財源をつくるという仕組みそのものに疑問を示している。日本でも緊縮財政策が続く中、各種手当ての見直しが行われているが、財政再建は先進国共通の課題のように思える。

二大政党制の下では、新しく政権をとった政党がそれまでの手法を否定するのはよくある光景といえるが、このRDAの廃止も新保守党政権の再生という意味でのプロパガンダと考えられなくもない。

実際に地域の広いニーズを拾う意味でRDAとGORsが果たした役割は大きい。ブレアー政権における地方分権型のRDAの登場により、より地域再生の機動力が増し政策が深化したのではないだろうか。

5　二〇一〇年以降の保守党の政策——新自由主義的都市政策の再来

LEPは再生の切り札になるのか

二〇一〇年五月、政権交代で与党となった保守党の政策については、本書執筆時点においてまだ不確定なものが多い[22]。しかし、その基本政策はこれまでの労働党の手法を継承しつつ、かつてのサッチャーの政策のように市場機能をより重視しようというものである。

かつての労働党政権は先述のアーバン・タスク・フォースでの諮問を経て、UR（アーバンルネッサンス、地域性を重視しながら都市をよみがえらせる政策）と、NR（Neighborhood Renewal）と呼ばれる貧困地域への政策を重点的に実施してきた。いわゆる経済政策と社会政策との二本柱にその特徴があった。

しかし、キャメロン政権はこうした貧困地域のみを徹底的に再生させるという手法には積極的ではない。

今後はエンタープライズゾーンなどを中心に活力ある地域をさらに発展させるような政策が中心になるであろう。その点では規制緩和や、RDAに変わって設立されたローカル・エンタープライズ・パートナーシップ（Local Enterprise Partnership：通称LEP）がその任にあたる。

労働党政権がRDAを経由しての地域主義（Regionalism）にあまりに偏重していたので、新政権（保守党）はこれを改める意味で新機関LEPを設立した。これは、政府の地域の出先機関から、完全に分権化された機関への移行ともいえる。このため、予算は地域の財政状況にもよるが徹底的にカットされる。実際、この新制度への移管により二・六億ポンド（約三五〇億円）の予算削減が行われた。

LEPの基本任務は「雇用の創出」と「経済成長」にある。二〇一〇年一〇月にはまず二四箇所のLEPが指定され、そして二〇一二年時点において合計三八が追加指定されている。なかでも西イングランド地区のLEPは産業支援として、地域の航空産業、超伝導システム、シリコンデザインに加え、観光業の再生なども対象となっている。

さらに、このLEPは基本的にはRDAのように中央政府からの予算に依存せず、民間投資を地域レベルで引き出すことを主眼としている。主に産業支援を主とするビジネス・イノベーション技能省（Department of Business Innovation and Skills：通称BIS）は、四年間にわたり日本円換算で約五億円程度の補助金をLEPに配分することを決めたが、競争的資金であり、その基本的性質は補助金というよりも「ビジネスを起こすきっかけを呼ぶもの」と考えられる。一般に地域再生の補助金としては五億円は少ないということからもわかる。

税金バックファイナンスとしてのTIF

ところで、今後の都市再生に関する歳入の面で注目を集めているのが、二〇一〇年九月にクレッグ副首相を中心に導入の検討が行われるようになった、TIFと呼ばれる新しい債券発行(Tax Increment Financing)システムである。

TIFは、インフラ整備のために地方政府が中心となって債券を発行し資金を調達するものだが、将来の開発利益を見込んで、地方債を発行し後に企業などから税を徴収することで地方債の返済に充てるというものである。

この手法はもともと一九五〇年代にアメリカのカリフォルニア州でスタートしたもので、その後五〇の州に広まった。

マーケットだけに任せていたのでは実現できない民間資金を呼び起こすことにもなるので、今後期待できる制度といえよう。アメリカでは、米大リーグのサンフランシスコ・ジャイアンツが新球場パシフィック・ベル・パークを建設(二〇〇〇年オープン)した際に利用されたといった事例などがある。

キャメロン政権の今後

ところで、キャメロン政権は市民社会(=ソサイティ)の自立・自助努力を意味する「ビッグ・ソサイティ（Big Society：都市再生におけるNPOなどのさらなる活用）」と呼ばれる都市哲学を基本にすえた。これは、保守党の元来の政治姿勢である「小さな政府」を基本理念とし、市民の自助努力を最大限引き出すというものである。ゆえに「社会＝市民の努力」の最大化が謳われている。

中心市街地の活性化も、今後は自助努力の名の下、地域を限定して行われる可能性が極めて高い。

つまり、キャメロン政権の政策の基本的方向は、①ローカリズム、②分権型社会、③ビッグ・ソサイティ、④LEPの導入、⑤財政緊縮策、にある。特にこのビッグ・ソサイティは「ビッグ・ガバメント（大きな政府）」に対するアンチテーゼなのである。一九九七年以来二〇一〇年五月にいたるまで、労働党政権が第三の道を目指しつつも、結局は中央政府の財政規模が肥大化してきたことに対する批判のメッセージでもある。

現時点では不明な点も多いが、エンタープライズゾーンの再設置、地域成長基金（Regional Growth Fund）の設立など、新自由主義的政策として一九八〇年代に席巻した都市政策の復活が予想される。

ただし、新政権によって廃止されたRDAも、もともとは一九九七年に労働党が政権を奪回する前に保守党が行ってきた政策を応用・発展させたものであった。キャメロン政権も基本的には労働党の政策をある程度引き継ぐ可能性は高い。

イギリスからここを学べ——政権のリレー

本章で概観したようにイギリスの都市再生には以下の特徴がある。

まず第一に、政権与党が交代するごとに前政権の施策が廃止、変更（修正）されるという点である。より具体的にいうと、保守党では基本的にはマーケットを活かしながらの「選択と集中」の概念、つまり競争原理の導入と都市再生の両立である。他方の労働党では、基本的には近隣再生政策に見られるように地域の再生の中で「社会政策」「公平性」を特に意識した再生策であり、貧困からいかに地域を解放させるかがメインテーマとなっている。経済でいえば、効率性を求める保守党、公平性を重視する労働党政策に政策の主軸をそれぞれ置いている。

しかし、第二に、そうした政策が政権交代を経て少しずつ深化している点である。保守党の時代に誕生した競争的資金であるＳＲＢ（単一補助金）策は、一九九七年の政権交代後の労働党政権でもしばらく引き継がれ利用されてきたし、一九九九年に導入されたＲＤＡ（地域開発庁）の設置も、基本的にはその雛形が保守党のイングリッシュ・パートナーシップスであった。二〇一〇年の新政権（保守党）誕生後、二〇一一年以降に設立されるローカル・エンタープライズ・パートナーシップ（ＬＥＰ）も市民・地域の自立・自助努力を掲げているものの、実は前労働党政権のＲＤＡを引き継いだものである。

このように二大政党制でありながらも、その政策は徐々に国民の意見を取り入れながら引き継がれているように思われる。つまり、政権交代に関係なく、前政権のよい部分は引き継ぎ、多様性をもたせて発展させている点にその特徴がある。よい意味での政権リレーといえよう。

この多様性をもたせながら社会を発展させる、という性質こそがイギリス流の幅広い選択肢を有しながらの再生（筆者はこれをオプション〔＝選択肢〕拡大型再生と呼んでいる）手法であり、日本も見習うべき点は多い。

地方都市の中心市街地の再生においては、こうした環境下で変容を遂げながらもかつての貧困問題は克服されている。

日本でも三年半続いた民主党政権が二〇一二年一二月の衆議院議員選挙で破れ、再び自民党政権が復活した。二大政党制が日本で今後どのような形で続くのかは未知数であるが、イギリスでのこうした経験は参考になるであろう。ただし、ある程度の競争的資金の獲得や、一方で衰退が激しい地域への配慮については政権を問わず重要な課題といえる。

注

（1）　Tallon, A., *Urban Regeneration in the U. K.*, Routledge, 2010, p. 32.

（2） これは、Area-Based Initiatives（略称ＡＢＩｓ）の訳である。ＡＢＩｓには、エンタープライズゾーン（経済再生特区）の指定、土地開発公社（ＵＤＣ）の設置などがある。

（3） Cullingworth, B. and Nadin, V., *Town and Country Planning in the U. K.*, Routledge, 2006, p. 361を一部引用（カッコ内一部省略）。

（4） Tallon, op. cit., p. 43.

（5） Ibid., p. 47.

（6） Ibid., p. 49.

（7） Ibid., p. 50.

（8） Hall, P., *Urban Geography, London Routledge*, 2001, 2nd Edition.

（9） Tallon, op. cit., p. 52.

（10） Allmendinger, P., *Thatcherism and Simplified Planning Zones : An Implementation Perspectives*, Oxford Planning Monographs Vol. 2, No. 1, 1996, Oxford Brooks University, p. 141. 傍点部分は筆者による（以下同じ）。

（11） Cullingworth and Nadin, op. cit., pp. 140–141.

（12） Tallon, op. cit., pp. 51–52.

（13） Robert, P. and Sykes, H., *Urban Regeneration*, SAGE Publications, 2008, p. 74 を参照。

（14） Tallon, op. cit., p. 61.

（15） Robert and Sykes, op. cit., pp. 43–44. 傍点部分、カッコ内は筆者による。

（16） ここでの議論は、以下、ロッズ・タイラー他を参照。Rohds, J., Tyler, P. and Brennan, A., *New Development in Area-Based Initiatives in England : The Experience of the Single Regeneration Budget*, Urban Studies, Vol. 40, No. 8, 2003, pp. 1399–1426.

（17） Tallon, op. cit., p. 79.

(18) イングリッシュ・パートナーシップスは「ロンドン本部」と「各地方の支部」からなり、この「地方支部」は後にRDAに吸収された（一九九九年）。「ロンドン本部」は新たなイングリッシュ・パートナーシップとして一九九九年に再スタートした。
(19) Tallon, op. cit., p. 94.
(20) 有効需要を財政政策などによって創出し、景気を浮揚させる政策。
(21) Ibid., op. cit., p. 82.
(22) 以下、イギリスの都市政策に詳しいタロン氏に対する筆者のインタビューを参照した（二〇一一年三月七日）。

第2章　商店街を支える都市計画と財源

――まちの個性をどう活かし、守るか――

本章では、多くの商店がたちならぶイギリスの中心市街地の再生について検討してみよう。イギリスでは農山村地域は開発の対象とならないために、都市地域の再生がいわゆる都市政策の中心課題となる。そしてこの都市政策においては中心市街地の再生が大きなテーマとなっている。

ところで、なぜ中心市街地活性化が必要なのだろうか。この点については、「経済的側面を重視したもの」、「効率性を重視したもの」（コンパクトシティ論といわれている）、そして「まちの個性の維持に関するもの」などの議論がある。本章ではまず、中心市街地再生に関する論拠の整理を行い、中心市街地のもつまちの「個性」としての役割を確認するとともに、イギリスの都市計画について概観したい。イギリスの都市計画は都市の個性を守る上でも実にうまく設計されているからである。

1　中心市街地活性化の意味

中心市街地問題に詳しいイギリスのブラックウェルとラマンは、中心市街地を活性化する論拠として、「中心部だけでなく地域経済全体の成長に大きく貢献する点」、「地域の持続可能な発展にプラスに影響する点」などを挙げている。[1] 実際に、日本における議論でも中心市街地の再生が地域経済に与える効果を重視するものが多い。確かに、リーマンショック以降、世界経済が停滞する中で内需拡大策の重要性が叫ばれており、その中で中心市街地活性化がもたらす景気刺激効果の役割は大きいであろう(2)。

こうした中心市街地の活性化がもたらす経済性に関する議論を第一の論拠と呼ぶことにしよう。

続いて、第二の論拠として「都市の効率性（財政や資源に対する負担の軽減）」に関するものがある。

近年では省エネや持続可能性などの観点から、コンパクトシティ、つまり、地方都市の機能を中心部に集約してそのことによる様々なメリットを享受しようとする自治体も増えてきた。実際に、コンパクトなまちづくりとしては青森県青森市のコンパクトシティ計画（郊外部から中心市街地への住み替え支援策）や、福島市の公営住宅の中心市街地への誘導策などが挙げられる。また、富山県富山市の路面電車（ＬＲＴ）の導入などの取り組みもこの範疇に入る。

しかし、筆者はこうしたコンパクトシティの重要性を認識しつつも、一方で機能的な面のみを強調した議論は本来の都市づくりの目的とは少し離れているように思う。ここで示す本来の目的とは都市のもつ魅力の持続可能性のことであり、それは住み続けたいまちづくり、また外部の人々が訪問したくなるようなまちづくりのことを示す。それは、機能面のコンパクトさを前提としたものなので、まちづくりの十分条件ともいえよう（むろん、必要条件はコンパクトシティである）。

そして、第三の論拠は都市の個性・まちの顔としての機能である。中心市街地を維持するのはその都市にとってこの場所が観光客をも惹きつけるような伝統や文化などまちの個性としての役割を果たしてきたからだ、との考えである。

筆者はこの機能を最も重視している。それは、日本の地方都市の衰退が、地方都市の「没個性化」と大いにリンクしているからである。

以下、中心市街地の活性化の論拠としてのまちづくりと個性の関係をあらためて整理しながら、イギリスの中心市街地活性化のシステム、とりわけ都市計画と財源に焦点を当てて概観してみよう。

2　都市の個性

序章でも触れたが、イギリスの都市の哲学を示す言葉にセンス・オブ・プレース（Sense of Place）というものがある。これは、場所のもつ意味という直訳のほかに、地域への愛着という意訳がある。二〇一〇年一〇月に筆者が調査のために訪れたグリニッジ大学のケネル氏から、近年の地域再生のキーワードとして紹介していただいた言葉である。

実際にいくつかの先行文献を調べると、このセンス・オブ・プレースという言葉が非常によく出てくる。カービーとケントは中心市街地の活性化の論拠についてセンス・オブ・プレースを引用しつつ、以下のように述べている。

（そもそも）中心市街地というものは歴史的に形成されたものであり、場所の存在そのものに意味が存在する。（中略）人々はそうした場所で社交生活を営み、文化を築いてきた。実際にそうした「センス・オブ・プレース（その場所がもつ個性）」を意識し、その重要性を認識した政府は一九九三年にはＰＰＧ６（＝イギリスの都市計画指針）を設けた。これは、中心市街地に再生の優先順位を与え、単に商業だけではなく、レジャーや観光など多様な場所としての意味をもたせるものである。その結果、中心市街地は経済発展だけではなく、市民の満足度の増大にも貢献するようになった。(3)

カービーとケントが引用するＰＰＧ６とは、都市計画の中で中心市街地の活性化を誘導させる方針である。内容の詳細については後に触れたい。

また、アウグは、センス・オブ・プレースのもつ根源的な意味について以下のように述べている。

> 「場所」がもつ意味とは、「社会」であり、「社会生活」であり、「言語」であり、「不規則にだが継続する生活のノウハウ」をもつものであり、そうしたことが「スローライフ」へとつながっている[4]。

アウグが述べるセンス・オブ・プレースがスローライフな社会づくりに関係しているとの指摘は興味深い。つまり、その土地で生まれ育った人々にとって場所のもつ意味（センス・オブ・プレース）とは、その人が意識せずして地域文化を感じたり、それゆえの地域への居心地のよさを感じたりすることを意味する。実は生活の知恵で生み出したその場所ならではのノウハウが、ありのままでの生活を支援するという意味でスローなライフづくりに貢献している。これも「場」のもつ力であろう。

こうした点をまとめてカービーとケントは、場所のもつ意味について以下のように述べている。

> 都市部での生活や経験は依然、地域性に依存している。それらは、「思い出」や「想像力」

であり、実際にこうしたものは世界のグローバルスタンダードから見ても正しいように思われる。実際に都市での生活は「センス・オブ・プレース」を欲しているのである[5]。

なお、イギリスで都市再生というテーマが主に語られだしたのは一九七〇年代前半ごろからである。当時、商業などの再生手法として主に「再ブランド化」に注目が集まっていた。レジャー施設、空きスペースの確保など「都市再生」と市街地再生が行われたのは、ロンドンにおいてはコベントガーデンのケースが初めてであろう[6]。そして、大事なのは建造物のもつ「美的感覚」に対する維持・整備であった。その中でも最も大事なのは建物だけではなく、周りの景観と一体となった空間の創出であろう。リージェント・ストリートなどは、一九二〇年頃からそうした配慮があった場所である。

これまで見てきたようにイギリスでは、中心市街地における商店の出店については「既存施設の再利用」という形式をとることが多かった。実際に地方政府の多くは古い建物を残しながら、その中身は現代的なものにリニューアルを施すという手法（コンバージョン型再生という。詳しくは拙著『シャッター通り再生計画』ミネルヴァ書房を参照されたい）を採用している。

民間企業もそういったいわゆる「コンバージョン型再生」の方がより、開発許可を得やすいとの考えから古い建物を活かしたまちづくりがなされてきたのである[7]。また、そうした仕組みを守ってきたのが都市計画であった。

　続いて、都市の仕組みや中心市街地に関する制度的な枠組みについて概観してみよう。イギリスの都市システムの特徴は、こうした場所のもつ意味を大切に守る仕組みの存在であり、中心市街地という歴史的資産を守るための制度でもある。

図２－１　コベントガーデン
2011年９月に筆者撮影。日差しの強い９月初旬のコベントガーデン。

図２－２　グリニッジのマーケット
2011年９月に筆者撮影。イギリスではコベントガーデンのほかに，グリニッジなど多くの都市に活気あふれた市場がある。

3　イギリスの都市システム・都市計画

イギリスの市町村

イギリスはイングランド、スコットランド、ウェールズ、北アイルランドの四つの地域（かつてはそれぞれ独立国であった）に分かれ、それぞれの地域に議会が存在する。最も人口が多いのはイングランドだが、その他三地域もイングランド中央議会に匹敵するほどの行政権を有している。

さらに、それぞれの地域が日本と同様にいくつかの県、市町村レベルの小自治体に分かれている。なお、一九九七年には「ユニタリー・オーソリティ」制度が導入された。これは、その名の通り、都道府県と市行政が合併したものであり、全国に五五箇所存在している（二〇一二年現在）。日本の政令指定都市がこれと似ている。

ここで、再度、イギリスの都市構造について確認しておこう。イングランドでは、府・県（カウンティ）が二七、市町村（ディストリクト）の数が（ユニタリーを合計して）二五七存在している。そのほかは大都市圏、ロンドン圏と分かれている。ちなみに、日本の行政区分に当てはめると、カウンティが「府・県」、ディストリクトが「市」にそれぞれ相当する。地域によっては「シティ」も「市」にあたるケースがあり、例えば人口一二万人のケンブリッジ市は市役所をシティカウンセルと呼ぶ。なお、一般に市役所はタウンホール（Town Hall）と呼ばれている。

「市や町」では、住宅分野の各種施策、建物規制などが行われる代わりに、教育、社会福祉、道路事業、公共交通、図書館、警察などの公務はできず、これ以上の規模をもつ「県（カウンティ）」がこれらの公務を行う。カウンティよりもさらに大きなユニタリーでは警察を除いてほぼ全ての機能が与えられている。

イギリスで「市長」という制度が最初に誕生したのは一一九二年のロンドンであり、シティ・オブ・メイヤーリティ（City of Mayoralty）などと呼ばれていた。厳密に「市政、市長」が制度化されたのは一八三五年の市制法（Municipal Corporation Act）である。イギリスの場合興味深いのは時の政権によって地方行政区がかなり大きく変動している点である。例えば、サッチャー政権下では「ロンドン市」は廃止されたが、ブレアー政権になって「大ロンドン市」が復活した。

イギリスの都市計画

イギリスの都市計画については、その基礎として一九四七年の都市農村計画法（Town and

Country Planning Act）がある。序章でも触れたが、これは民間開発を政府が公的なメリットを根拠にコントロールし、誘導してゆくものである。具体的には、①開発計画、②詳細な開発コントロール、③開発利益の社会的な還元などで都市計画の基礎を定めている。さらに、この法律によって自治体レベルの都市再生の手順等が示されている。

グリーンベルトなどの一部のゾーンを除き、アメリカのようなゾーニング制（都市計画区域内に住居専用の地域を定める）ではなく、土地開発などはすべて個別許可制となっている。また、行政が事業者や個人に開発許可を与える際に近隣の景観への配慮を促すことも多い。

日本の都市計画はアメリカ型の「ゾーニング制」であるが、これは、ゾーン内で一定の開発要件を満たしてしまえば、わりと簡単に開発許可が下りてしまうものである。イギリスの場合、「ゾーニング制」ではなく、物件ごとに開発申請を個別にチェックするシステムであり、その審査は厳しい。ゆえに景観などは守られる傾向にある。

ところで、イギリスの近年の都市計画システムは一九六八年の「改正都市農村計画法」にその原型を見ることができる。

一九六八年の「改正都市農村計画法」の基本は、広域の「地域計画ガイダンス（Regional Planning Guidance：RPG）」と、約一五年の長期の広域計画を示した「ストラクチャープラン（府・県レベル）」、そして一〇年程度の期間を定めた土地利用に関する「ローカルプラン（市レベル）」を自治体が自ら作成することにあった。これらに加えて、ユニタリーが定める開発プランもある。

日本の都市計画制度との対応では、国土利用計画法（第八条等）と各都道府県庁が定める県の都市計画区域マスタープランが、イギリスの上記ストラクチャープランに近いものといえよう。一方、ローカルプランは各市域が定める都市計画マスタープラン（都市計画法一八条）と似ている。

二〇〇四年からはこうした仕組みが大きく改正されることになり、都市計画において府・県レベル（カウンティ）、市レベル（ディストリクト）、そしてユニタリー（日本でいう政令指定都市のような存在）での区別がなくなった。そして、広域のものは地域空間戦略（Regional Spatial Strategies：RSS）と呼ばれる地域計画ガイダンスに変わった（二〇年の計画期間）。ストラクチャープランやローカルプランは、次節で述べる地域開発フレームワーク（Local Development Framework：LDF）となった。

イギリスには、日本のような全国総合開発計画のようなものは存在しないが、時の政権によって様々な対応が行われてきた。国家レベルの開発計画などの指針（方針）ではプランニング・ポリシー・ガイダンス（Planning Policy Guidance：PPG）シリーズがその一例である。この国家の政策指針（方針）によって中心市街地の活性化策や住宅政策の理念が示されてきた。

しかし、二〇〇四年の改正により持続可能の精神を強調した新しい計画指針（Planning Policy Statements：ＰＰＳ）が制定されることとなった。これは労働党政権のみならず、ＥＵの基本方針であるサステイナブル（持続可能）を意識したものであり、それを意識づけるための名称変更でもある（前出のグリニッジ大学のケネル氏）。

そして、以下に述べる計画強制収用法（The Planning and Compulsory Purchase Act）が二〇〇四年に導入された。

広域自治の立場から——日本の広域連合的な意味合い

計画強制収用法（The Planning and Compulsory Purchase Act）とはその名の通り土地の買い取り権（政府による）を強化したものである。同時に、広域レベルの空間戦略が広域計画団体と呼ばれる県（カウンティ）や、市町村等の集合体により策定されるようになった。日本的なニュアンスでは「広域連合」的なものといえよう。二〇〇四年以前は国が定めた計画案（ＲＰＧ）にそって、県（カウンティ）などが都市計画を実行していたが、二〇〇四年以降、行政区域を越えた広域計画団体の役割が大きくなった。

まさに、この広域計画団体こそが二一世紀のイギリスの広域的な都市再生を担う受け皿となっている（図2-3）。

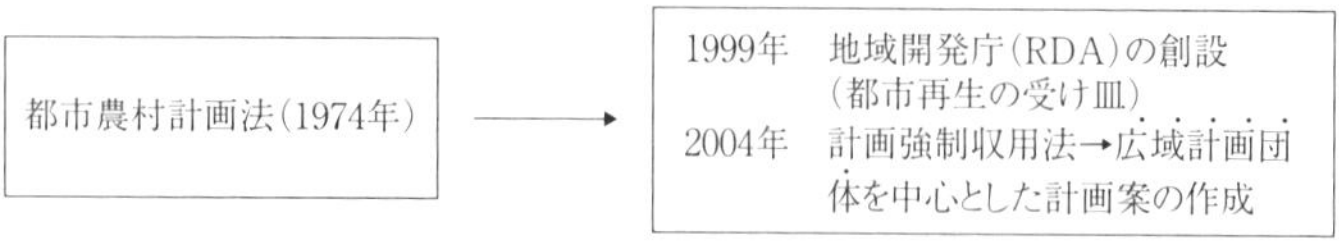

図２－３　都市農村計画法に関する新たな動き

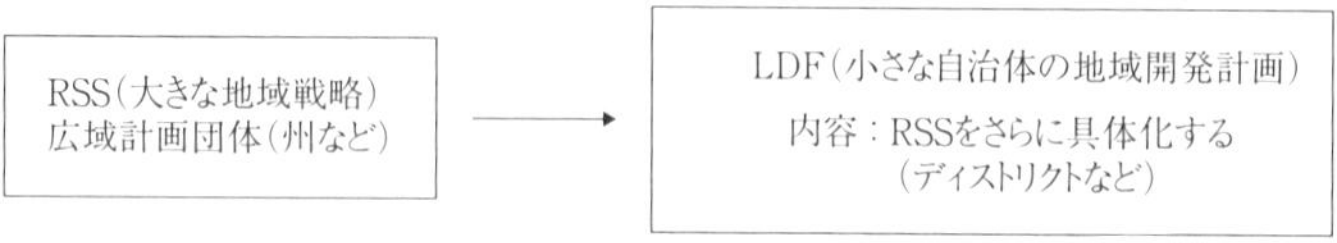

図２－４　RSS（広域での地域戦略）とLDF（小域での地域開発計画）

では、ディストリクト（市）などの小規模の行政区は都市計画においてどのような役割を果たせばよいのか。

結論を先取りすれば、先に述べた広域計画団体を対象にしたＲＳＳ（地域空間戦略）、つまり広域に関する都市再生の計画書をもとに、それよりも小さい地域のディストリクトなどがＬＤＦ（地域開発フレームワーク）を作成することになった（図２－４）。

つまり、日本とは形式が異なるが、広域レベルの地域戦略がＲＳＳ（広域計画団体による）であり、それを具体化した計画案が市町村のＬＤＦといえよう。

実際に動くのは誰か

都市再生においては、その主役はすでにこれまで見てきたように、一九九三年に誕生したイングリッシュ・パートナーシップス（第1章参照）を一九九九年から引き継いだＲＤＡ（地域開発庁）である。

ところで、自治体ないしは民間を交えたパートナーシップであるが、自治体がパートナーシップを組む相手として特に注目したいのが、中心市街地問題について中心的な役割を果たしている「タウンセンター・マネージャー（Town Centre Manager）」である。内容の詳細については第3章に譲るが、基本的に地域の中心市街地のマーケティング、予算管理などを行う組織（個人）である。自治体とは独立した外部の存在だが、最近では行政の内部におかれることも多くなった。同マネージャーが各自治体や商工会議所（the Chamber of Commerce and Industry）をうまくコーディネートして、地域の中心市街地の商店街の再生案、各種計画を立案する。近年では、地方自治体が直接このタウンセンター・マネージャーを雇用するケースが目立つ。

4　PPG6とは何か

イギリスでは一九九三年以降、「持続可能な発展（Sustainable Development）」が国策として掲げられ、この哲学の下、中心市街地の活性化策が位置づけられてきた。(8) ここでの「持続可能な成長」とは、省エネを通じて大量消費、大量生産の社会システムから脱却し、低成長ながらも持続的に成長が可能な社会を構築することを意味する。いわば、環境を考慮した産業政策、成長政策であり、イギリスの二一世紀の都市の哲学のようなものである。当然、この考え方の下では高エネルギーを必要とする都市の再開発は抑制されるので、景観は保全される傾向にある。つまり、街の伝統的な伝統的景観や文化を保全するための哲学ともいえる。

土地政策においても、環境に配慮した産業立地政策が奨励されることとなる。また、車依存型社会からの脱却も目指す。東日本大震災以降、日本もこうした考えはにわかに注目されるようになったが、イギリスでは二〇年ほどまえからこうした省エネのまちづくりが目標として定められてきたのである。

以下、この方針を具現化している都市計画の指針であるＰＰＧ６（Planning Policy Guidance No. 6）について見てみよう。今後の日本に最も必要な制度が以下に紹介するＰＰＧ６である。

環境政策

イギリスのプランニング・ポリシー・ガイダンスシリーズは都市計画の基本的な方針を示したもので、上位規定的な意味合いがある。この第六番目が中心市街地再生に関するものである。一九八八年にＰＰＧ６は誕生したが、基本理念を継承しつつ一九九三年に改正され、その後は持続可能なまちづくりの意味合いがさらに強化されて、ＰＰＳ４（Planning Policy Statement No. 4）となった。以下、大規模開発者に義務づけた開発影響調査リストについて見てみよう。

1．中心市街地に対する将来への「民間投資」に与える変化。
2．「ローカルプラン」で計画した中心市街地振興戦略を、その開発が危うくする程度。
3．中心市街地の「質」、「魅力」、「特徴」に与える影響と、地域社会における中心市街地の社会的・経済的役割に与える変化。
4．中心市街地が今後提供する「サービス」の範囲に与える変化。
5．中心市街地内の主要小売地域における、空き店舗や空き地。[9]

そしてこれらの影響調査を行った上で郊外型の大型店舗の立地について許認可を検討するというものである。

一九九三年のPPG6ではさらに「環境問題」と「保全型の土地政策（中心市街地活性化を軸とした）」などの内容が盛り込まれた。これは、一九九二年のリオデジャネイロ・サミット（環境）宣言に起因している。イギリスでは中心市街地政策については同宣言を理論的支柱として、資源・環境問題に配慮しながらコンパクトな小売業の立地について検討がなされることとなった。例えば、中心市街地を中心とした都市・生活圏が構築されれば、自動車によってもたらされる二酸化炭素やエネルギーの消費が抑制されるであろう。公共交通機関や自転車など「環境に優しい移動の手段」の利用も奨励された。これによって自家用車への依存を減らしてゆくことが必要であった。都市政策の面でも都市機能を分散させるよりはある程度集中させた方がエネルギー効率の面で有効である。エネルギーの節約は排気ガスをはじめ、エネルギーそのものの消費の減少に貢献するわけで、こういった面からも中心市街地の活性化が必要とされた。

シーケンシャル・アプローチ

中心市街地の活性化に関して大きな役割を果たすPPG6であるが、以下に述べるシーケンシャル・アプローチ（逐次的・段階的）は「どの地区から開発・再生が優先されるべきか」について規定している[10]。これは、

1．大型店の出店にまず中心市街地（一般的な地方自治体の中心地）での出店が可能であるか否かを第一に考えるべきである。
2．それが無理な場合には中心市街地から歩いてすぐの場所（郊外など）に立地すべきである。
3．その次にディストリクトセンター（商店一〇〇店舗以下の商業集積地。商圏人口は二万～五万人）とローカルセンター（商店数二〇店舗から四〇店舗以下の商業集積地。商圏人口は約一万人）での立地を考慮すべきである。

4．そして、最終的な位置づけが中心市街地外の用地だが、そこは多様な交通手段の選択によってアクセスできる場所でなければならない。

というものである。

郊外型大型店舗出店をいたずらに規制するのではなく、大型店の出店許可の「条件」を整備している。このことで、結果的に中心市街地が無秩序な郊外開発によって受ける影響を最小限に食い止める。日本でいうところの「大規模小売店舗立地法」に似ているが、状況によっては郊外において大型小売店舗の出店が許可されないなど日本のそれとは異なっている。

このシーケンシャル・アプローチこそが、様々な選択肢を残したオプション的発想を用いた都市計画といえる。オプション的発想とは事業プロジェクトにおいて様々な選択を想定しながらプロジェクトの価値を考えるというものである。

つまり、大型店舗はまず中心部に進出を考える（オプション1）、仮にその場にスペースがないならば郊外へ進出（オプション2）といった具合にいくつかの選択肢（＝オプション）を用意することで弾力的な都市計画が可能となる。この結果、オプションを含んだ計画全体の価値は増加することが知られている。[11]

日本でも二〇〇五年に福島県が大規模小売店舗の出店規制をかけ、また、国土交通省もこれに追随するかのようにまちづくり三法（一九九八年から二〇〇〇年にかけて郊外型の大型小売店の郊外出店をはじめとする立地の原則自由化を行った法律体系）の改正に踏み切った。

同法では二〇〇六年以降、一万㎡を超える大型店舗の立地については、商業地域など一部の場所でしか許されないとした。日本の都市計画もややPPG6的な側面を帯びてきたのかもしれないが、イギリスほど厳格なものではない。一万㎡以下の郊外型の大型店舗は未だに規制の外に置かれている。

5　中心市街地活性化の財源

単一補助金（SRB）

都市計画を概観した後で、中心市街地活性化の財源について少し述べたい。

前章で概観したように、中心市街地活性化に利用できる多額の補助金としてイギリスには単一補助金（Single Regeneration Budget：SRB）がある。

SRBは、一九九四年にフレキシブルな基金メカニズムとして、また、「社会的」「開発的」なものとして、従前の二〇の基金を統合して誕生した。(12) このシステムは六ラウンド（回数）まで募集が行われ、最長七年まで事業が可能である。六回にわたる応募機会のうち、一九九四年から一九九八年までの四年間は保守党の運営のもと、GORs（地域・政府事務所）の管轄で中心市街地活性化などの再生事業が行われた。

二〇一二年現在の日本では、まちづくり交付金を引き継いだ形で二〇一〇年に設立された「社会資本整備総合交付金」がこれに近い制度である。金額も五億円程度のものから一〇〇億円近いものまである。一九九〇年から二〇〇〇年代半ばまでを代表する政府の補助金システムである。しかし、日本の制度とSRBの一番の違いは後者の場合、自治体が応募の主体である必要はなく、「エリア」は市町村をまたがってもよいという点である。SRBの総額は日本円換算で約五兆二〇〇〇億円で、民間資金によるものはこのうち一・八兆円であった(13)。

仮にこのシステムを日本にあてはめるとすると、例えば和歌山県の北部の和歌山市とその隣の大阪府岬町（大阪府最南端にある）がそれぞれの中心市街地の再生のために一緒に応募してもよいというようになっている。

SRBはすでに終了しているし、また、その後を引き継いだ形のRDAも新政権下で廃止されたために、以降はLEP（Local Enterprise Partnership、第1章参照）が主体となって財源を集め、政策を進めることになった。しかし、基本財源は政府が主体となる点は変わりない。選択と集中の精神で潤沢な予算が地域に配分されているのが特徴といえる。

宝くじ基金の活用

ＳＲＢとは異なる性質をもつ基金として注目に値するのが「宝くじ基金（Lottery Fund）」である。これは一九九四年一一月にスタートしたもので、二〇〇八年までに二一〇億ポンド（約二・七兆円）を捻出することに成功した。芸術協議会（アートカウンセル）などにも基金が配分されている。この基金は、各主体が必要に応じて配分するものではなく、コンペ形式が採用されている。つまり、競争を経て勝ち残った地域・プロジェクトが得られるものである。二一世紀を前に数多くのプロジェクトが実施されたが、その多くはこの宝くじと民間資金を組み合わせたものであった[14]。二〇一二年夏のロンドン・オリンピックの会場も同基金を用いて建てられたものが多い。日本の宝くじ基金制度、すなわちその基金が社会教育事業に配分される仕組みと類似している。基金の利用は自由であり、都市の個性を育成するのに一役買っている。

ビジネス改善地区（ＢＩＤ）　ヒッチン市の事例

続いて、近年中心市街地地区で地域が独自に予算を確保するシステム、ＢＩＤ（Business Improvement District：ビジネス改善地区、以下ＢＩＤ）について紹介しよう。

これまで紹介してきたシステムが中央や地方政府を主とする補助システムであったのに対し、以下に述べるＢＩＤは地元の市民が自らの目的意識のもとに中心市街地に必要なお金を自らに

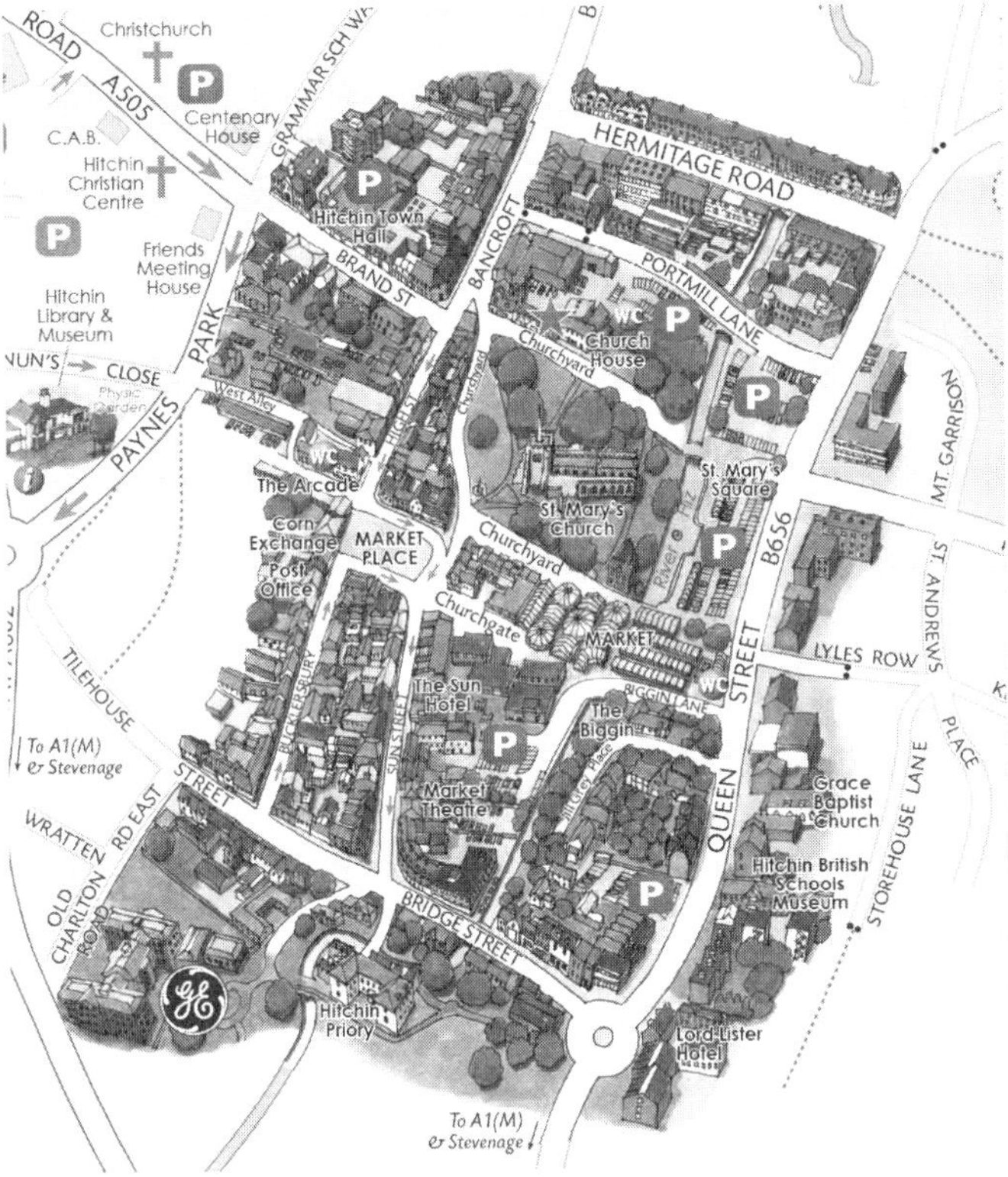

図2−5　ヒッチン市のビジネス改善地区（BID）

出所：http://www.tangram.co.uk/Tangram-Contact.html

図２－６　ヒッチン市でTCMの職員さんと
中央が筆者，左がホスキンス氏，右がフレッチャー氏。2009年12月撮影。

課税して利用するという画期的なものである。

ＢＩＤとは中心市街地の一部区域を指定し、その区域の占有者に固定資産税（店舗面積）の上乗せという形で徴税して、その資金を該当地区のまちづくりに役立てようというものである（二〇〇四年ＢＩＤ法成立）。これは、非居住用レイト（日本の固定資産税と類似した資産税。商業不動産などに課せられる資産占有税）の税率に一％上乗せするという形で実施された。

ＴＣＭの全国組織であるＡＴＣＭ（Association of Town Centre Management）は、アメリカですでに実施されているＢＩＤの成果を認識し、これまでイギリス政府に対しＢＩＤ法導入のための働きかけを行ってきた。

二〇〇三年一月からは、ＢＩＤ導入のパイロット事業を全国二三都市（応募は一〇〇都市）で開始し、現在各地にＢＩＤ組織が設立されることとなった。そして、二〇〇三年地方自治法の制定により正式にＢＩＤ制度が認可されることとなった。

ＢＩＤ法の制定後は、正式なＢＩＤとなるために関係納税者（ＢＩＤ特別税を納めるビジネスオーナーを対象）による投票が行われ、二〇〇五年春からの実施となった。この制度は地域の同意を得られて初めて成立するものなのでまだすべての都市にはいきわたっていないが、二〇一二年八月時点において、一五七の自治体で導入されている。

以下、筆者が実施したロンドン北部の中都市ヒッチン市でのヒアリング結果（二〇〇九年）について見てみよう。ヒッチン市のタウンセンター・マネージャーのキース・ホスキンス氏（Keith Hoskins）と、フレッチャー氏（Martin Fletcher、レッチワース市のタウンセンター・マネージャー）にヒアリング調査を行った。

ヒッチン市（Hitchin）はロンドンから電車で北に三〇分ほどの人口五万人の小都市である（本書で登場する都市の位置については、xv頁の地図を参照）。ここでは、主に、中心市街地活性化のためにクリスマスイベントや各種のイベントが毎月のように実施されている。

ヒッチン市では二〇〇九年四月に投票が行われ、その結果BID導入地区約四㎡(15)の有権者の過半数が「（導入に）賛成」し、五年間実施されることとなった。

BIDの基金を実際に運用するのは半官半民の組織「ハート・オブ・ヒッチン（Heart of Hitchin：ヒッチンの心）」で、彼らが中心となって各種再生案を企画する。事業内容は、安全性の確保、清掃、駐車場施設の充実などがあり、例えば街中パトロール隊に関する事業では雇われた三人のスタッフが週に合計一二〇時間、まちの安全管理を徹底する。こうした資金はすべてＢＩＤによってまかなうことができる。

この制度は土地占有者自らが納税という形でまちづくりに必要な活動資金を提供する点に特徴がある。日本には同制度は存在しないが（現在大阪市が導入を検討中）、商店街地区も財政難に苦しむ昨今、今後は日本版ＢＩＤの導入を検討すべきであろう。自らの資金をその必要性に応じて自らが負担するという、マーケット的な機能をまちづくりに応用させたものといえる。

6　イギリスに学ぶ都市計画とお金の仕組み

本章では、イギリスの都市計画や予算について見た。

基本的には地域を広域でとらえ、計画を行うとの視点からＲＳＳ（地域空間戦略）が策定され、それをもとにより小さい行政区のＬＤＦ（地域開発フレームワーク）が策定されている。日本でいえば、都道府県レベルの総合計画、そして市町村ごとの各種計画案がこれに該当する。中心市街地の再生について、特に注目したいのが本章で紹介したＰＰＧ６の存在であろう。

イギリスで一時衰退していた中心市街地の再生が大きく進展したのは一九九〇年代初期からであり、そのひとつの理由は上記ＰＰＧ６の導入にあると筆者は考える。ＰＰＧ６の導入により、一九九四年から二〇〇五年までに中心市街地への商業投資は二倍の上昇を示した。

二〇〇八年にロンドン中心部にウエストフィールド（全国チェーンの大型ショッピングセンター）が建設されたのが中心市街地活性化の象徴ともいえよう。また、二〇〇九年から二〇一二年にかけての三年間で、ロンドンの中心部において一年間に平均して四八万二〇〇〇㎡の再開発がなされることとなった[16]。

さらに、イギリスでは本章の冒頭で見たように中心市街地があたりまえのように都市の個性として位置づけされており、この個性を守るためにイギリスでは都市計画がうまく制度化されている。一方で、郊外がむやみに乱開発されては困る、との見方もあった（グリニッジ大学のケネル氏）。それは、先に見たようにイギリスでは一九三〇年代に郊外地が乱開発されて都市景観が荒れた歴史的反省を踏まえてのものでもある。

いずれにしても、イギリスでは中心市街地の再生と郊外農地の保護が持続可能な都市づくりという同じ目標の中でうまく調和してきた。そしてそれを後押ししたのが、ＰＰＧ６なのである。さらにこうした政策の先には持続可能な地方都市の姿があり、魅力的な中心市街地の商店街には地元客だけでなく、観光客も呼び込むことが可能となる。一方、郊外農地は開発できないので、コンパクトシティの観点からも予算効率のよいまちづくりがなされてきた。効率的な財源システムもそんなまちづくりを担保しているのだ。選択と集中の精神で潤沢な予算が地域に配分されているのがＳＲＢ制度であり、市街地住民の意思により新たに徴税し、利用できるのがＢＩＤである。

日本の場合はどうか。

イギリスのケースとは異なり一九九八年から二〇〇〇年にかけて規制緩和型のまちづくり三法（中心市街地活性化法、改正都市計画法、大規模小売店舗立地法）が導入され、郊外型の店舗と中心市街地の商店街が競争させられることとなった。もともと（序章でも指摘したように）、体重の軽いボクサーとヘビー級のボクサーとが勝負するようなもので結果は明らかである。イギリスのような巨額の財源であるＳＲＢのような制度もない。

この結果、郊外の農地は開発され、中心市街地、ひいては商店街地区は衰退していったのである。イギリスのように中心市街地と郊外とがうまく住み分けられていれば、共存型の持続可能な地域経済の発展が期待できたのかもしれない。日本にＰＰＧ６のようなシステムがないのが残念でならない。

注

（1）　Blackwell, M. and Rahman, T., 'Funding Town Centre Management in the U. K.', *Journal of Town and City Management*, Vol. 1, 2010, pp. 92–103.

（2）『地域研究シリーズ36　和歌山県の経済成長と格差に関する研究――観光、農林水産業、公共事業が与える県内経済への効果』和歌山大学経済研究所、二〇〇九年。

（3）Kirby, A. and Kent, T., 'The Local Icon : Reuse of buildings in place marketing', *Journal of Town and City Management*, Vol. 1, 2010, p. 81（カッコ内は筆者の意訳を含む）.

（4）Auge, M., *Non-Places, Introduction to an Anthropology of Supermodernity*, Verso, 1995.

（5）Kirby and Kent, op. cit., 2010, p. 81.

（6）Ibid., p. 86.

（7）Ibid., p. 85.

（8）横森豊雄『英国の中心市街地活性化』同文館、二〇〇一年、二七～三二頁を参照。

（9）横森豊雄ほか『失敗に学ぶ中心市街地活性化――英国のコンパクトなまちづくりと日本の先進事例』学芸出版社、二〇〇八年、三六頁から一部引用。

（10）横森豊雄氏の第三回中心市街地活性化評価・調査委員会（二〇一三年三月一一日）プレゼン資料参照。

（11）足立基浩『まちづくりの個性と価値』日本経済評論社、二〇〇九年参照。

（12）Cullingworth, B. and Nadin, V., *Town and Country Planning in the U. K.*, Routledge, 2006, p. 370.

（13）平均的なSRBの補助額は、一九九四年～九五年の場合一四億ポンド（約一八九〇億円）となっている。そのうち、二億ポンド（約二七〇億円）がシティ・チャレンジ補助金から、一・八億ポンド（約二四三億円）がイングリッシュ・パートナーシップスから捻出されている。

（14）Tallon, A., *Urban Regeneration in the U. K.*, Routledge, 2010, pp. 74–75.

（15）http : //www.hitchinbid.com/about_us/boundary.php

（16）Blackwell and Rahman, op. cit., p. 94.

第3章　商店街再生を進める組織づくり

――タウンセンター・マネジメント（ＴＣＭ）とは何か――

これまでは商店街が集中して立地している中心市街地の再生策を考えるために、イギリスの都市再生をめぐる制度の歴史的経緯や、都市再生関連予算や都市計画の枠組みについて見てきた。第1章で見たように、イギリスの場合一九七〇年代以前の「公」による政策牽引の時代から、一九八〇年代、九〇年代の「民」の時代、そして、市民やNPOなども巻き込みながら、「パートナーシップ」の時代へとまちづくりに関わる主体が徐々に民主化されてきている点は興味深い。

こうした理解の上で、この章ではイギリスの都市再生（中心市街地の再生）における組織（チーム）の役割について個別の事例などを交えて考察してみよう。人手不足で大変な日本の商店街には参考になる制度である。

イギリスでは、中心市街地の主に経済面でのマーケティングを専門に行う機関としてタウンセンター・マネジメント制度（Town Centre Management：ＴＣＭ）が導入されている。これは、全国組織のＮＰＯであるタウンセンター・マネジメント組合（Association of Town Centre Management：ＡＴＣＭ）が自治体や商工会議所との協働のもと、複雑な権利関係が入り組む中心市街地活性において、都市経営・マーケティング分野の専門家を各地域に長期間派遣する制度のことである。一九九一年には全国組織としてのＡＴＣＭが設立され、二〇〇九年末までに約三〇〇のＴＣＭ組織が活動している。(1)

ブラックウェルは、ＴＣＭの役割として、①中心市街地の美化、②交通事情の改善、③計画的な中心市街地の売り込み（マーケティング等）などを挙げているが、特に注目すべきは、④町のブランド化による顧客の呼び込みと、観光客を呼べるようなまちづくりの推進、である。さらに近年では中心市街地への芸術（アート）導入の重要性についても言及している。[2]

いくつかの事例を紹介しよう。例えば、イングランド地方北部の都市ハル市（Kingston upon Hull、人口約二五万人）の中心市街地では、毎月一六〇人もが万引きなどで逮捕されていたが、ＴＣＭの設置によってその数が六〇人ほどにまで減少した。[3] つまり、ＴＣＭは安全・安心のまちづくりにも貢献している。

また、イングランド中部のコベントリー市のまちづくり会社（主に中心市街地再生のための都市マーケティングを行う半官半民の会社）は、必要な再生資金の発掘に工夫を凝らしている。第2章で紹介したＢＩＤ制度ができる以前に、地域の人々の協力により必要なまちづくり資金の捻出法を編み出した。[4]

いわゆる日本風でいう「商店街の共益費」に近いものであるが、これを店舗の大きさなどによって数段階に分けて各商店から徴収した。この「共益費」は、最も不動産価値が高いものについては割引がなく、つまり一〇〇％支払いが要求され、続いて、二五％、三五％、そして七〇％と店舗面積の大きさに合わせて減額措置を講じている。この結果、店舗間で一定の公平間を維持しながら、年額にして一三五ポンド（約一万八〇〇〇円）から多いところは六七〇〇ポンド（約九〇万円）を集めることに成功した。そして、この資金の自由度は高く、様々な目的のために利用することができた。興味深いのは、毎年二％の割合で商業売り上げが落ちていたのが、この制度を導入してからは売り上げが上昇に転じたことだ。総額にして約五億円の投資が行われた結果、街は活気を取り戻した。

1　タウンセンター・マネジメント（ＴＣＭ）の現場を見る

ＴＣＭの現場の声を聞くために、ロンドン北東のケンブリッジ市（人口一二万人）、ロンドン郊外西部のワンズワース市（人口一〇万人）、そして、ロンドン南部のホーシャム市（人口六万人）のまちを訪れた。このＴＣＭという組織が具体的にどのような活動を行っているのか見てみよう。

ホーシャム市のケース――まちの総合マーケティング

筆者は二〇一〇年の六月九日にヒアリング調査を行うために、ロンドンの南方で電車で一時間のホーシャム（Horsham）市へ向かった。この街は人口約六万人弱の小さな都市である。

もともとこの地域は、Horse（馬）、特に競走馬を飼育する場所として知られていたために、現在もHorshamと、それにちなんだ名前がつけられている。

この町は観光都市としての知名度が低く、中心市街地は主に地域住民の顧客によって支えられている。日本では大都市郊外の兵庫県篠山《ささやま》市、埼玉県深谷市、愛知県西尾市などが立地などの面でイメージが近い。

中心部にはのべ三〇〇近いショップが軒を連ねる。また、中心市街地から車で一〇分程度の距離に大型の郊外型店舗テスコ（Tesco）が建設されて数年が経過している。

テスコは一九一九年創業のイギリス最大手の小売チェーン店で、イギリス国内で約二〇〇〇店、平均床面積は約一三〇〇㎡となっている。一般に、テスコの店舗の多くは食料品が中心であり、衣類や電化製品などはあまり販売されていない。

ヒアリングしたゲリー・クック氏（同市タウンセンター・マネージャー）によれば現在、中心市街地経済はテスコ出店の影響などをわずかながら受けているという。しかし、中心市街地は長年の伝統と歴史の眠る場所である。行政、民間、そして住民とともに更なる活性化への道に迷いはない。

イギリスの中心市街地の商店街空き店舗率は全国平均で一二％程度（二〇〇九年末）だが、

このホーシャムの中心市街地は七％なので、イギリスの近年の不景気を考えればかなりよいほうである。歩行者通行量も平日は約二万人、土曜日、日曜日はその倍の約四万人となっている。駐車場は一時間一ポンドであり、郊外型店舗が無料である点と比べれば不利であるが、それでも顧客数の増減に影響はない。最近はギリシャ危機の影響か、安全資産としての貴金属の人気が高く宝石店舗の新規出店が増加中であるという。

タウンセンター・マネージャーとしてのクック氏の主な仕事内容は、イベントの実施やテナントミックス（店舗などの適切な空間配置）の誘導である。特にこの一〇年間は空き家となっている建物にホテルを誘致する事業に専念した。ホテル事業はまだまだ伸び盛りだからである。気になるのは店舗の経営者の高齢化とのことであった。

また、行政も景観整備には相当の予算をつぎ込んでおり、市役所（ディストリクト）は県（カウンティ）と共同して五万ポンド（七〇〇万円程度）をかけて道を舗装することとなった（料金は市役所と県とで折半）。今後も、総合的なマーケティングを武器にＴＣＭの責務を果たしたいとのことである。

クック氏は民間企業出身で、マーケティング会社（家具を専門）の経営者としての経歴がある。特に小売のマーケティングの知識は豊富であり、その点が評価されてタウンセンター・マネージャーとしてこの地に採用された。民間企業出身で、現在はホーシャムの市役所に勤めているが、こうしたケースはイギリスでは多い。今後もクック氏のコーディネート力に注目が集まる。

ケンブリッジ市のケース――徹底的な地域連携

続いて、人口約一二万人のケンブリッジ市のエマ・ソートン氏（Emma Thorton）に、観光地としてのケンブリッジ市の中心市街地活性化の施策について話を伺った。[5] 一二〇〇年代の後半にケンブリッジ大学が創立され、以降世界的に名の知られた研究者たちが時代を超えてこの町に集まった。学園都市ケンブリッジは世界的な名声を誇り、「住み続けたい都市」としてかつてタイムズ紙の調査で一位に輝くなど、イギリスでも最も人気のある都市のひとつである。ロンドンから特急電車で北へ約一時間、観光都市としての側面ももつ。日本では京都市がイメージとして近いといえよう。

図3-1　ケンブリッジ市の TCM
2010年6月に撮影。

ケンブリッジ市が行う中心市街地の活性化事業につい

て、主にどのようなステークホルダー（利害関係者）とパートナーシップを結んでいるのかを中心にヒアリング調査を行った。同市では全国に先駆けて一九九五年からパートナーシップを組む形でＴＣＭが組織化されている。ソートン氏は以前ハンティントン市（Huntington）にてＴＣＭの職を務めていたが、人口約一二万人のケンブリッジ市に移り住み、観光都市としてのスケールの大きさのために職務は一変したという（ハンティントン市は人口約二万人の小都市）。

ケンブリッジ市では、徹底的な地域連携による中心市街地活性化が行われており、それらは、市役所、県（County Counsel）、三一ものカレッジからなるケンブリッジ大学など多岐にわたる。実施内容としては市内二二箇所でサイン（観光客用の道案内標示）の設置を行ったが、この結果、観光客の回遊性の増大に貢献したという。金額にして一八万五〇〇〇ポンド（約二六〇〇万円）かかった。財源の五五％は公的な助成金に依存したが、残りの四五％は民間からの寄付でまかなうことができた。このように、イギリスではこうした事業に対し民間からの寄付の割合が高い。一人当たりの年間寄付額はイギリスの場合約四万円に対し、日本では二五〇〇円とその差は約一六倍である(6)。

しかし、寄付という制度には継続性の面で限界があるので、システマティックに運営資金を得るためにもＢＩＤ（第2章参照）のような新しい税制を検討しているという。

ソートン氏が都市再生における産官学のパートナーシップの重要性を強調しているのが印象

的であった。世界に名だたる学園都市ゆえにタウンセンター・マネージャーとしての責務は重い。「ケンブリッジ大学と街との密な連携を中心に観光地としての機能をさらに強化したい」と同氏は、今後の夢について語っておられた。

ワンズワース市（ロンドン近郊）のケース――様々なイベントの企画

続いて、ロンドン市内を流れるテムズ川の南側、ロンドン中心部から程近いワンズワース市（人口約一〇万）を訪問した。ワンズワースの特徴として全人口に対する有色人種の比率が高い点が挙げられる。日本では下町的なイメージなので例えば、東京都江戸川区、江東区などが類似ケースといえる。ここでは、同市に所属するタウンセンター・マネージャーのノーマン・フロスト氏[7]（Norman Frost）にヒアリング調査を行った。

図3－2　ワンズワース市のTCM
2010年6月に撮影。

ワンズワース市は、ロンドン近郊にあるために潜在的な商圏人口は多い。地域を再生させるためにイベントなどを始め、様々な活動をしているとのことであったが、特に重視しているのは、産官学のパートナーシップによる産業再生であった。

また、ワンズワース市は固定資産税率が他の地域と比べ低い地域としても知られている。そのために企業の立地は進んでいる。ちなみに、イギリスの固定資産税は住宅地に課せられるカウンセルタックスと商業用物件に課せられるビジネスレイトと呼ばれる二種類がある。ワンズワース市は今後新たな資金を創出するためBID（第2章参照）の導入を検討している。

TCMの主な事業は清掃、景観整備などであり、販売促進のためのイベントも実施している。取材した週の土曜日、日曜日には隣接都市であるクラップハム・ジャンクション地区にて、イタリア祭が開催された。このイベントはイタリア文化の紹介（この地区にはイタリア系移民が多い）をモチーフに約一万三〇〇〇ポンド（当時の日本円換算一六〇万円）の予算をつぎ込んだが、チケット収入などを含めると多額の運営資金が手に入る。

図3－3　ワンズワース市の中心市街地
2010年6月に筆者撮影。

なお、TCMが中心となって開催した二〇一〇年六月一二日（土曜日）、一三日（日曜日）のフリーマーケット・イベントとパネルディスカッションでは、弱者救済運動で著名なジョーン・バード（John Bird）氏を招いて「商店街を救おう」キャンペーンが実施された。彼はかの有名なビッグ・イシュー（*Big Issue*）誌（ホームレスにこの雑誌を販売してもらい、売り上げの一部を彼らの生活費等に充てる）を考案した人物である。イギリスでは、こうした慈善活動の対象として商店街地区が取り上げられている点が興味深い。

やはり、市民の多くが中心市街地の再生を望んでいる点は日本、イギリス、ともに変わりないのである。

2　イギリスのまちづくり組織に学ぶ――日本版TCMの可能性

日本にはかつて、中心市街地活性化のために導入されたまちづくり会社が多数存在したが、その機能を十分に発揮しないまま二〇〇六年のまちづくり三法の改正で、事実上その位置づけを失った。

つまり、本章で紹介したようなTCM（タウンセンター・マネジメント）という制度は存在しない。

しかし、日本全国を調査に訪れて感じるのは人手不足の問題である。例えば商店街振興組合などではイベントを行うにしても、要するに商業者の誰かのボランティアに依存せざるをえない。理事長に選ばれると喜ぶどころか、業務が増えると嫌がる商店主が多い。

イギリスは、ＴＣＭがこの任務をカバーしている。つまり、マーケティングなど地域全体の視点からメリットを考えることができる専従者がいるのだ。イベント事業も彼らが中心になってやってくれる。こうした人的資源の役割は極めて大きい。

さらに、今回調査した地域ではまちづくりに関わる様々な団体のパートナーシップの重要性と、新しい財源確保の手段ともいえるＢＩＤの必要性について語られることが多かった。

序章でも少し触れたが、行政主導の都市再生から、公民・ＮＰＯ主導のパートナーシップへと組織形態、ガバナンスが変容している。つまり、市民や民間企業を交えたパートナーシップの必要性を肌で感じる。日本でも市民と行政、民間の協働の必要性が語られるようになってきているが、行政のやりたいことをＮＰＯやコンサルタント業者に丸投げするケースも散見される。

イギリスにおけるパートナーシップという言葉のもつ本来の意味を重視したい。

注

（1） Blackwell, M. and Rahman, T., 'Funding Town Centre Management in the U. K.', *Journal of Town and City Management*, Vol.1, 2010, p. 93.

（2）Ibid., p. 93.

（3）Ibid., p. 100.

（4）Ibid., p. 99.

（5）エマ・ソートン氏（Head of Tourism and City Centre Management, The Guildhall, Cambridge, CB 2 3 QJ）にヒアリングを実施した。

（6）山田英二「諸外国における寄附の状況と税制の役割」株式会社三菱総合研究所、二〇〇八年。

（7）ノーマン・フロスト氏（Wandsworth Business Development Manager, Economic Development Office）にヒアリングを実施した。Town hall Wandsworth high street SW 18 2 PU にて取材。

第4章　「差別化」による都市再生

——観光都市に向かない地域を再生できるか——

本書の「はじめに」でも述べたが、イギリスの中心市街地地区の商業投資が全体に占める割合は一九八〇年の五〇％から一九九四年の一四％までの間は経済不況の影響を受けて一度大きく下がるものの、二〇〇五年には三五％、二〇一一年には四二％と大きくV字回復している。さらにイギリスでは日本で見られるような「郊外型の大型小売店舗面積」は一九八五年から一九九〇年までの五年間で急増するものの（年六八㎡増）、第2章で見たようなPPG6の登場（主に一九九三年）を機に半減し、増加率は急減（年間二八万㎡）しており、その後もこの傾向は現在でも続いている。

つまり、イギリスではこうした「郊外化の動き」はPPG6の影響で歯止めがかかった。

一方日本では、一年間に約四〇〇万㎡（二〇〇一〜〇九年）[1]の割合で郊外の大型店舗の新規建設が進んでおり、今のところ大きな減少は見られない。

さらに、イギリスの商店街の空き店舗率は二〇一二年時点で九％程度であるが、日本では二〇一三年現在で一四％である。特に、地方都市、例えば筆者の居住する和歌山市内の商店街などは二〇％から五〇％の空き店舗率となっている。

さて、本章からはこうした日本の現状を改めるためのヒントをイギリスから得るために、どのような再生策が行われてきたのか、中心市街地の商店街の活性化をテーマに事例を見てみよう。

なお、事例選びの基準については対象地域が観光都市か否かをまず重視した。観光都市の場

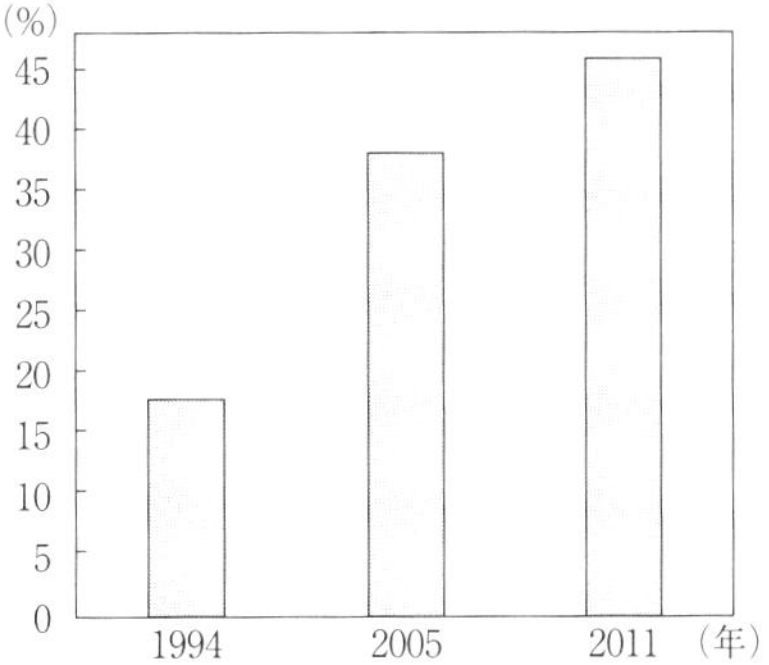

図4-1 中心市街地への投資割合の変遷

注：商業開発投資全体が中心市街地地区に占める割合。
出所：BCSC 'Future of Retail Property : In town or out of town ?' (2006)（予測値を含む）。

合は都市外部の顧客からの所得移転が期待できるし、非観光型の都市はそれなりの工夫が必要となるからである。本章ではまず非観光型の都市を人口規模別に選び、次章では観光都市の再生に関する取り組みについて見てみたい。

筆者が実際に訪れたシェフィールド市（人口約五〇万人）、アンケート調査を実施したイプスウィッチ市（人口約二〇万人）、ダートフォード市（人口約一〇万人）のそれぞれについて見てみよう。なお、本章で紹介する事例は主に二〇〇六年から二〇一一年にかけて現地調査を実施したものであるが、いずれにしても当時の労働党政権下の政策の影響を受けている点を記しておきたい（二〇一一年の調査時点では政権交代がなされているが、その影響はまだ出ていない）。

これらの都市については街の概況を把握する上

で、最初にSWOT分析と呼ばれる手法を用いた。

SWOT分析とは、その都市の様々な「強み（Strength）」（例：街の魅力）、「弱み（Weakness）」（例：急速な人口減少）、「機会（Opportunities）」、「脅威（Threat）」などの視点からその都市の立ち位置を分析する手法である。筆者は日本においてSWOT分析を用いて都市の分析を行った経験があるが(2)、ここではイギリスの都市についても同様の手法を援用したい。

1　シェフィールド市のケース──人口約五〇万人

シェフィールド市とは

シェフィールド市(3)の人口は五三・四万人（二〇一一年六月現在）で、かつては鉄鋼業を主産業として栄えた街である。しかし、鉄鋼業は一九七〇年代頃より衰退し、現在までに一〇万人以上が職を失った。現在は、製造業（鉄製品加工）、商業（市が推奨）などが主力産業である。

日本の地方都市でもかつては企業城下町として栄えたが、現在はその主産業が衰退してしまい、街全体も活気を失ってしまったケースも多い。かつて石炭産業が栄えたが、その後衰退し、代替産業を見つけることに苦戦した北海道の夕張市などが歴史的経緯や立地などの面で類似都市として挙げられる。

なお、SWOT分析によるとシェフィールド市の外的要因は、「機会」がイングランド北部に不足しがちな商業都市としての再生の可能性、「脅威」が既存産業の衰退、内的要因の「強み」は歴史と伝統、「弱み」は高齢化といえるだろう。

つまり、各種制約を意識しながら「立地の強みを生かし、歴史と伝統を背景に新しい産業（商業）を創出する」ことが、この地域の戦略として浮かび上がってくる。

また、シェフィールド市は観光都市としての認識は薄く（現地ヒアリング調査による）「非観光型の都市」の事例として紹介したい(4)。

市役所観光課職員へのインタビュー

筆者は市役所観光課職員のインガ氏にほぼ丸一日時間を割いて頂き、同街の都市計画・財政構造などについて説明・現地案内などをして頂いた。同街の市役所の建物にはシティホール（City Hall）とタウンホール（Town Hall）の二箇所があるが、シティ・ホールは議会場に、そしてタウンホールはコンサート会場として利用されている。ヒアリングはシティ・ホールで行われた。

シェフィールド市の経済は一九八〇年代ごろから急激に悪化し、九〇年代には約七万人の雇用が失われた。市は雇用対策が迫られる中、様々な代替産業の模索をはじめた。それらはＩＴ

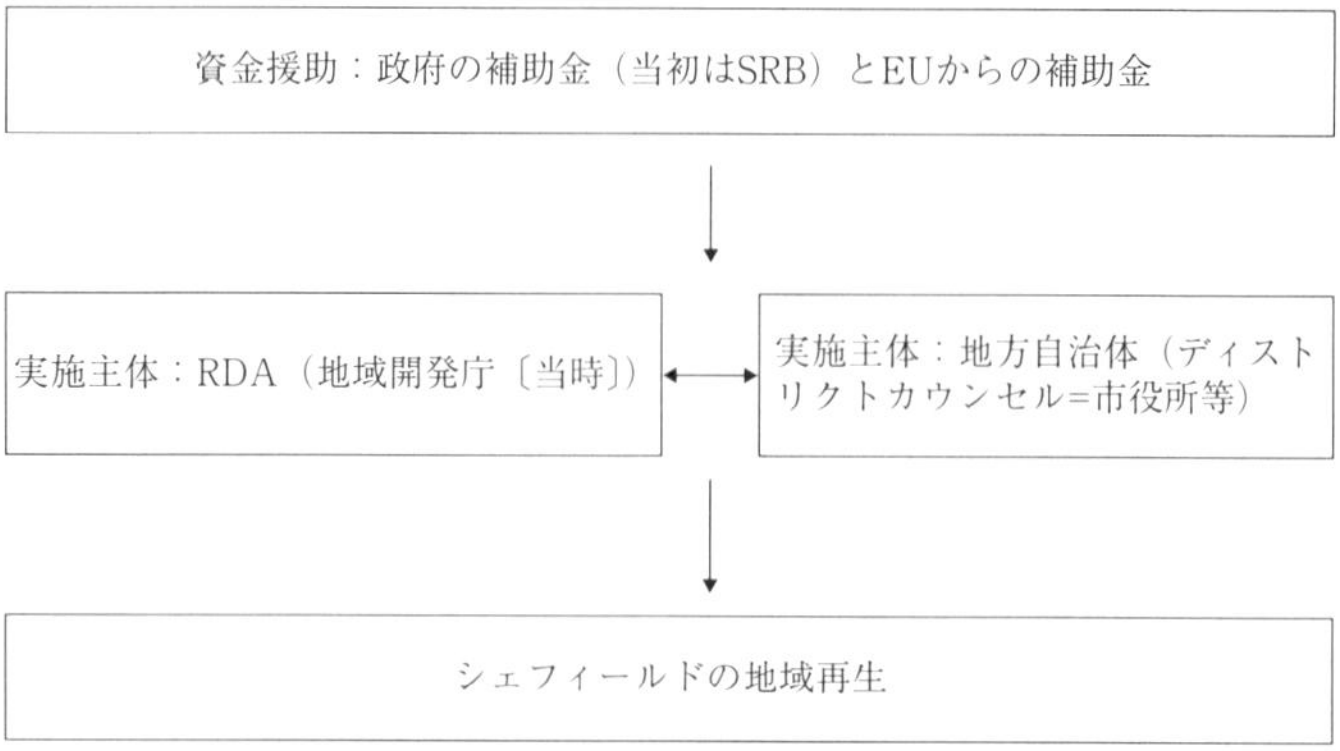

図4-2　シェフィールド市の都市再生システム

出所：インガ氏のヒアリングを基に筆者作成。

技術、バイオ関連、鉄鋼を用いた製造業関連産業の育成であったが、最も力を注いだのが商業による都市再生であった。

一九九二年ごろより中心市街地活性化のためのマスタープランが作成され、注目に値するのが中心市街地の活性化と郊外地の開発を同時に実施した点である。特に中心部と郊外店舗は、通常の軌道に乗り入れ可能なLRTによって結ばれ、多くの買い物客・通勤客の足となった。日本でも二〇〇六年にLRTを導入した富山市の事例を筆頭に路面電車の導入により活性化を図る、もしくは検討中の自治体が増えてきているので、シェフィールド市の情報は大変参考になる。

ところで、シェフィールド市では中心地には多くの商業投資がなされてきた。特にカッスル・マーケットと呼ばれる目抜き通りでは、新たなデパートが進出し、またそのための歩道整備なども行った。様々な試みを行って中心市街地を賑やかにしようとしているが、そのためには公共投資が不可欠であり、イギリスはこの公共投資を積極的に行っている。

小規模なイベントなども随時行われている。クリスマスには大規模なイベントが毎年行われている。また、宝くじ（Lottery）を原資としたミレニアムファンド（西暦二〇〇〇年を記念して設立された基金、Millennium Fund）を用いて様々な都市インフラが整備された。中心市街地付近の噴水などはこれを原資に整備されたものである。また、ＥＵの開発基金もふんだんに使われている。

イギリスにはそのほかへリテージファンド（Heritage Fund）と呼ばれる伝統的建造物に対する基金やナショナルトラスト（National Trust：文化財を保全するための基金）などがあり、様々な基金を組み合わせて運用しているのがイギリス型都市再生の特徴である。

さらに、シェフィールド市にはシェフィールド・ファースト・パートナーシップ（Sheffield First Partnership）、通称Ｓ1と呼ばれる都市再生会社（ＵＤＣ、第1章参照）がもつ再生基金がある。これは、同地の郵便番号「Ｓ1」をとって名づけられたものであるが、この基金を用いて公共投資が積極的に行われているのである。ここでの基本はへリテージファンドに代表されるような「地域の文化遺産」を保全しながらの都市再生であるが、全体としては莫大な資金が必要となるために市独自で行う公共投資も大きな役割を演じている。以下、これを支える財政構造について見てみよう。

郊外型の超大型小売店舗メドウ・ホールの出現

同市は一九八四年二月鉄鋼業の老舗ハッドフィールド（Hadfield）社が撤退した跡地の一八三エーカー（約七三万二〇〇〇㎡）に超大型の郊外型ショッピングセンターであるメドウ・ホールの誘致を計画した。建設には二年と三ヶ月を要し、四八六億円の費用を費やした。一方で、建設雇用にともなう経済効果も発生し二五〇〇種類の雇用（地元からは七五％の雇用、全体で七〇〇〇人）を創出し、また開発後の地価は六倍にまで高騰した。このあたりは、規模の差はあれ、日本の郊外型開発と似たものがある。

メドウ・ホールは一九九〇年九月四日にオープンし、その後毎年三〇〇〇万人も訪れるようになった。以下、メドウ・ホールの経済効果について簡単に見てみよう(5)。

イギリスには珍しい巨大な郊外型ショッピングモールといえるこのメドウ・ホールであるが、先述の様に中心市街地と公共交通機関（LRT）で結ぶなど、中心地との共存が模索された。この点は日本ではあまり見られない光景といえる。

この巨大なスーパーSC（ショッピングセンター）の出現によりシェフィールド市の中心市街

表4－1 超巨大郊外型店舗の特徴

内　容	コメント
店舗構成	衣料・アクセサリーなど約300店舗が入居している。また1万2600台を収容することのできる駐車スペースがある。売上高は年間1000億円ほどに達している。
交　通	1994年からは中心市街地とシェフィールド中心部を結ぶ交通機関（LRT）が整備された。これにより，伝統的な街並みが存在する中心市街地と，新しい開発地であるメドウ・ホールとが結ばれることとなった。
駐車場・交通	毎週1万5000台の車両が駐車されている。顧客の20％が公共交通機関を利用している。
顧客の種類	顧客の6割が企業等の雇用者で、22％が無職（主婦等）で18％がパートであった。
	全体の54％の顧客が10キロから24キロ圏内（商圏）から来ており，32キロ圏内ではその人数は8割となっている。
	営業する80％以上の商店の売り上げはその他地域の系列店のなかで上位10番以内に入るほど。また、24％が最高売り上げを記録している。
	全体の顧客の53％が25歳から44歳までの年齢層であった。
買い物時間	平均買い物時間は2時間7分であった。

出所：筆者作成。

地経済はどのような影響を受けたのであろうか。

メドウ・ホール誘致の中心市街地への影響

メドウ・ホールの出現により中心市街地経済は当初大きなダメージを受けた。これは日本の地方都市の昨今の現状と似たような結果といえる。特に衣類や靴などの買回り品の売り上げは、四割ほど低下した。しかし、その後の市役所による調査で、それはメドウ・ホールの建設が原因ではなく

図4－3　メドウ・ホール

出所：http://www.geograph.org.ukphoto1994609

中心市街地商業そのものの魅力が欠けている点が原因であると結論づけられた。

この調査結果を受けて、中心市街地の再生を重要事項と考えた市長は一九九二年、強力なイニシアティブの下にシェフィールド市連絡グループからなる協議会を組織化し（大学教授や商工会議所メンバーからなる組織）、シェフィールド市活性化の基本方針を決めるにいたった。さらに行政主導の具体策として、①防犯・清掃活動の強化、②広報活動の推進、③販売促進（民間投資創出）、④市民参加の促進とボランティアグループの組織化などについて順次取り組みがなされるようになった。

最終的にはこの協議会と行政、ボランティアグループ（NPO）などで話し合いがなされ、日本の中心市街地活性化基本計画にあたる「中心市街地ビジネスプラン（Sheffield City Centre Business Plan）」が一九九四年に策定された。

それは、当面の目標として①清潔な街（景観）、②訪問しやすい街（交通の充実）、③ショッピングが楽しめる街（回遊性・滞留性の促進）、④大学等高等教育機関とともに発展する街（教育）、⑤文化的な生活を営める街（文化・伝統の維持）、などを掲げた。また、目標数値として今後の五年間で、①二三〇〇人を新規に雇用する、②商店街の売り上げを一四％増加する、③訪問者を五％増やす、④犯罪発生率を二〇％減少させる、⑤新規住宅を建築するなどを掲げ、精力的にこの目標に取り組むことになった。

郊外型店舗の進出をただ批判するのではなく、中心市街地の魅力創出に力点が置かれている点が興味深い。また、市の目指すビジョンには「文化的な生活を営める街」が重点項目として掲げられており文化性の高いまちづくりが重視された。

中心市街地と郊外型の大型小売店舗が共存共栄する街へ

一九九三年以降の政府の中心市街地再生重視の政策的な後押しがあってか、シェフィールド市の経済は激変する。(6)

シェフィールド市の中心市街地は都市計画上四種類のゾーニングがなされ、それぞれの地域にあった再開発が一九九四年よりはじまった。それらは、①カッスルゲート地区、②科学・文化地区、③デボンシャー・グリーン地区、④大聖堂地区などの地区である。

カッスルゲート地区に関しては、主に監視カメラの設置や駐車場の整備が行われ、科学・文化地区では同地区のサイエンスパークの新規企業創出支援などソフト整備事業も実施された。デボンシャー・グリーン地区では、二三五戸の新規住宅建設がなされ、大聖堂地区では旧庁舎の再利用がなされるにいたった。経費は一九九四年から二〇〇〇年までの間で日本円換算で約一〇〇〇億円（年間一四〇億円程度）であり、工費の地元の負担比率は一〇％程度であった。

中心市街地のみの予算はミレニアムコミッション（宝くじ基金）が約四〇億円、その他ヨーロッパ地域開発基金（約八億円）、イングリッシュ・パートナーシップス（約八億円）、ＳＲＢ（約一億円）、その他中央政府からの補助金（約六億円）を合わせると、約六三億円の事業規模となっている。これらの公的資金がピースガーデンと呼ばれる緑地の整備費用や巨大温室の建設などに利用された。

その結果、一九九五年の中心市街地五〇〇店舗の合計売り上げは約九〇〇億円程度で前年比五％増加となった。さらに、商店街の空き店舗率は一四％から六％に低下し、この需要増加をうけて賃料水準も過去五年間で二倍にまで上昇した。

つまり、みごとに中心市街地の再生に成功したのだ。

地域性を活かした再生策

本節を振り返るにいくつかの重要な点が指摘できよう。

まず第一は、各種補助金（EU補助金等）を利用して伝統ある古い街並みを整備・維持し、行政と民間組織とのパートナーシップの下で、市民の求める中心市街地とは何かを徹底的に調査した点である。さらに、住民の意見を十分に吸収しながら最終的には市長が責任をもって意思決定を行う。日本も大いに学ぶべき点が多い。

第二は、イギリスでは「環境に優しい街」実現のため、特に一九九三年以降に街の中心部の産業集積（移動コストが節約できる）を積極的に推奨してきた点である。興味深いのは、当時の保守党が中心市街地再生を重視する時点（一九九三年）より以前の一九九〇年にメドウ・ホールが建設されたが、その後、LRTの導入も功を奏し、中心市街地経済と郊外型の大型商業施設との共存共栄が図られた点である。

以上の試みによって一九七〇年代には一旦衰退したイギリスの地方都市シェフィールド市の人口も現在では増加傾向に転じている。

日本では、一度産業が衰退するとそこから脱却するのに時間がかかる傾向にある。北海道の夕張市も夕張メロンや観光業の再生を計画したが、結局は財政破綻してしまった。
シェフィールド市のケースでは中心市街地の商業施設と郊外の大型小売店舗とが計画的に差別化されている。こうした仕組みづくりが今の日本の中心市街地の商店街再生には必要なのである。

2 イプスウィッチ市のケース――人口約一二〇万人

続いてロンドン郊外に位置するイプスウィッチ市の中心市街地活性化の様子について見てみよう。観光での集客は少ない都市であり、大都市近傍の都市の再生例として日本では参考になるものと思われる。立地や人口規模も面では、類似都市として千葉県佐倉市、埼玉県秩父市、大阪府八尾市などが挙げられる。

筆者は二〇〇二年と二〇〇六年にイプスウィッチ市で中心市街地の活性化に関する調査を行った(7)。この街の人口は約一二〇万人だが、近隣商圏を合わせると約三三万人規模になる。ロンドンから約六〇キロ程度の距離であり(特急電車で一時間程度)、ロンドンへの通勤圏といえる。

同市のSWOT分析における外的要因は、「機会」がロンドン近郊の立地を活かした海浜産業都市としての成長性、「脅威」がロンドンへの消費の流出、内的要因の「強み」は伝統的な商業施設の街並み、「弱み」は商店主の高齢化、等が考えられる。

　つまり、「地元客を巻き込みながら街並みを整備し中心市街地での回遊性をさらに増大させること」がこの地域の成長戦略といえる。

中心市街地商店街の再生

　古いたたずまいの中心市街地の商店街地区には全部で約四二〇の店舗があり、それぞれ内容が充実している。店舗の空室率は約五％程度で全国平均よりも低い。大学等の高等研究機関は存在しないが若者は多く、商店街を含め街は非常ににぎわっていた。

　街の商店街の構成は衣服、食料品、携帯電話ショップなどがそれぞれ二割程度を占め、アーケード通りなどもある。商工会議所と民間が中心となるまちづくり会社が、主に商店街から寄付金を集めて街全体のイベントなどを実施している。この都市の周辺には約四箇所の大型郊外型店舗があるが、それぞれうまく住み分けており中心市街地が廃れていないのが特徴である。まちづくり会社の専属社員は二名で、元市役所の職員など再雇用を中心としたメンバー構成となっている。人数は少ないが、とても明るい活発な組織でイプスウィッチ市の中心市街地活性化に貢献している。

センチメンタル価値の形成――コーンエクスチェンジ

イプスウィッチ市の中心市街地は文化的な面を含め、日本の平均的な都市のそれと大きく異なる。ショップに関してはナショナルレベルのチェーン店が多数を占めている。独立店舗（地域資本の個人営業店）もあるが、我々の調査では全体的には少数であった。チェーン店が多いために現代的ニーズを汲んだサービスが得られる点は若い層に受けがよい。一方で全国チェーン店の存在が街を没個性化しているかといえば、必ずしもそうではない。外装はイギリスの伝統的なたたずまいを残し、内装のみ改良を施す「コンバージョン型の再生手法」がここでも利用されている(8)。全国チェーンの店であっても、外観の趣は少し古風で個性的なものが多い。

独立店舗もそれぞれの地域性を出した店舗が多く、魅力の面でチェーン店に引けをとらない。中世からの伝統的景観をもつ中心市街地であるため、新たな土地を開発整備することは難しい。そこで、駐車場の整備は一部の土地を利用した立体式となっていた。さらに、最近は一般に知られるようになった「パーク・アンド・ライド」形式、つまり中心部からやや離れた郊外に駐車場を設置し、駐車場から中心地区まで無料バスを運行させる、という手法をここでも採用している。イギリスではバスを中心に公共交通機関が発達しており、一〇分に約一本の頻度でバスが走っている。

また、イギリスではほぼ全ての中心市街地にコーンエクスチェンジと呼ばれる伝統的な施設

（集会場）がある。

一九世紀、イギリスではかつて農場で穫れた穀物を中央市場「コーンエクスチェンジ」で交換した。この場所は今でもその場所が市民の社交の場として利用されているが、まさに、イギリスならではのセンチメンタル価値（地域への愛着の価値）を形成している場所といえよう。現在ではミュージックコンサートのホールなどとして利用されている。

図4－4　ホーシャム市のコーンエクスチェンジ
2009年6月に筆者撮影。

各都市には歴史があり、歴史的建造物を大切にしてその歴史にあったまちづくりをすれば、街は活性化できる、と同市役所のステビングス氏は話しておられた。ただし、店舗の新陳代謝についてはマーケットに任せる、とのことである。

中心市街地への大型店舗の出店については、国の都市計画指針であるＰＰＧ６（二〇〇五年以降はＰＰＳ４）に従って入店を許可すべきか否かをカウンセラー（市会議員合計四六人）が決定するが、その検討の際に「伝統的な景観」に対する配慮が十分になされるという。この点で、やはり都市計画制度の果たす役割は大きい。

アンケート調査結果概要

筆者はイプスウィッチ市でイギリス的な中心市街地活性化の要因をさらに深く調べるためにアンケート調査を実施した（回収総数二七一）。以下その結果を見てみよう。(9)

調査方法は街頭インタビュー形式で行われた。調査対象者の平均年齢は四一・〇一歳で、平均年収は二一・八〇一ポンド、（当時の日本円換算で四三六万二〇〇〇円）であった。また、回答者に学生の占める割合が最も多く（二九・四％）、次いで主婦（二六・五％）、サラリーマン（二三・五％）となっている。イギリスでは一般に中心市街地に高齢者と学生（中学生以上）の占める割合は高い。老若男女が楽しめるような活気あるまちづくりがなされている、ひとつの状況証拠ともいえる。

以下、調査結果を見てみよう。ここでは、①中心市街地の魅力、②中心市街地への交通手段、③中心市街地での買い物等、そして、④政策に対する期待などの点に絞って考察を行いたい。

中心市街地の魅力

まずは、中心市街地の魅力について見てみたい。

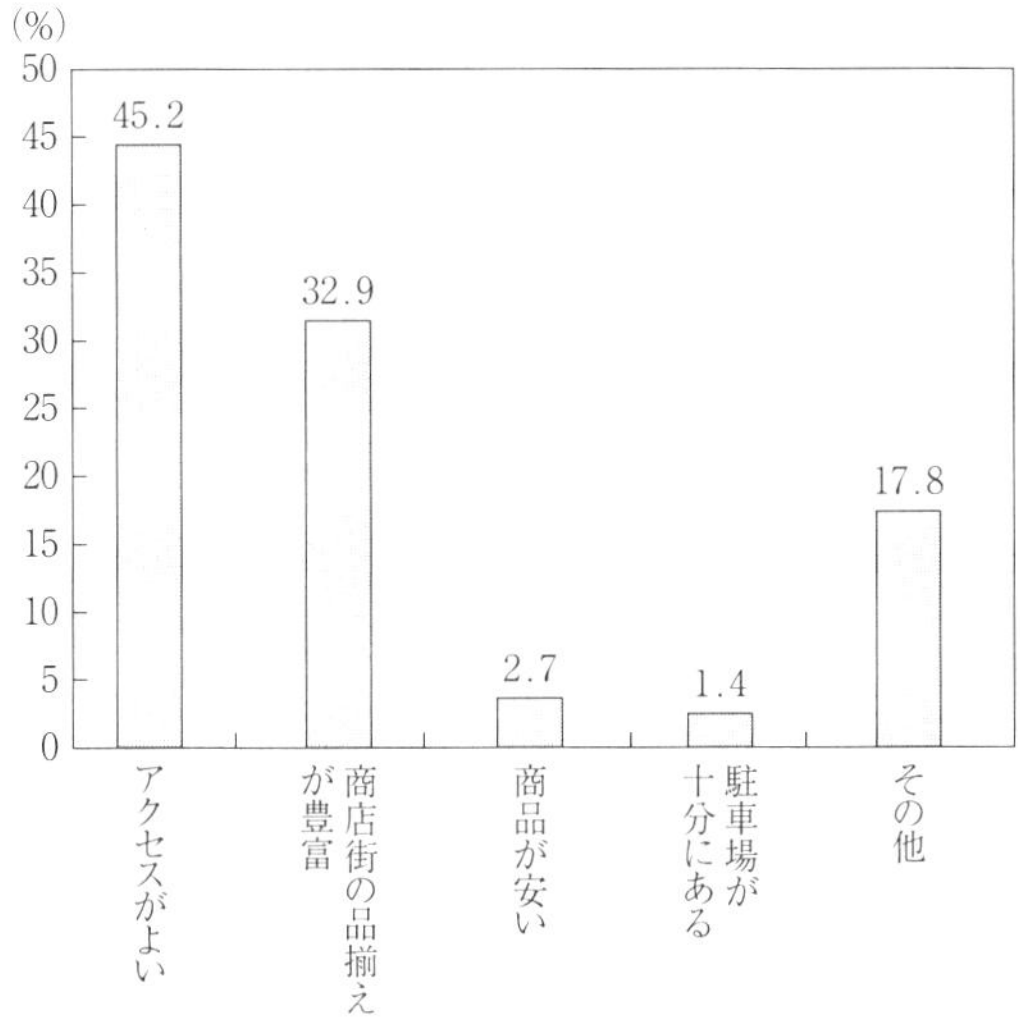

図4－5　中心市街地を訪問する魅力

中心市街地への来街目的についてたずねたが、最上位は「ショッピング目的」（四五・七％）であった。やはり中心市街地の大きな魅力は「買い物」ということになるのだろう。

続いて中心市街地を訪問する魅力について見てみよう（図4－5参照）。最も回答が多かったのが「アクセスがよい」であった（四五・二％）。つまり、中心市街地が市民にとって身近で便利な立地環境にあることがわかる。続いて「商店街の品揃えが豊富」である点が挙げられる（三二・九％）。

筆者がこれまで調べてきた日本の中心商店街では「品揃えが悪い」点が課題として挙げられることが多いが、イギリスではその逆の結果となっている点は興味深い。

さらに特筆すべきは「駐車場が十分にある」と答えた回答者が少ない点である（一・四％）。一般的にイギリスの中心市街地における駐車場の整備状況はあまりよくはない。日本では中心市街地の活性化の要件に「駐車場の整備」が挙げられるケースが多いが、人通りの多いイギリスの中心市街地においては、整備の乏しい駐車場はマイナス要因とはなっていないようである。つまり、「街の魅力を高めれば駐車場問題はそれほど集客の要因にはならない」ことを示唆している。

続いて、図4－6を見てみよう。

この図では、「郊外型大型小売店舗との比較」の上で中心市街地がどのような優位性をもっているのかを問うたものである。まず特筆すべきは「街並み・歩行環境などがよい」が最上位に順位付けされている点である（二九・六％）。なお、「歩行環境のよさ」とは、イギリスを含め欧米の中心市街地では「街の中心部に車の乗り入れを制限している」点と関連している。続いて「ブランド店舗が多い」などが高い値となっている（二三・五％）。

イギリスに限らず地方都市の中心市街地には多くのブランドショップが出店しており、品揃えもよい。また、街路樹が整然と整備されており歩行環境がよい。つまり、歩いて買い物する魅力が十分に存在している。ここまでを総括すれば「商業施設としての品揃えを増やして、歩いて買い物を楽しめる環境づくりを行うこと」が活性化のための重要事項であることがわかる。

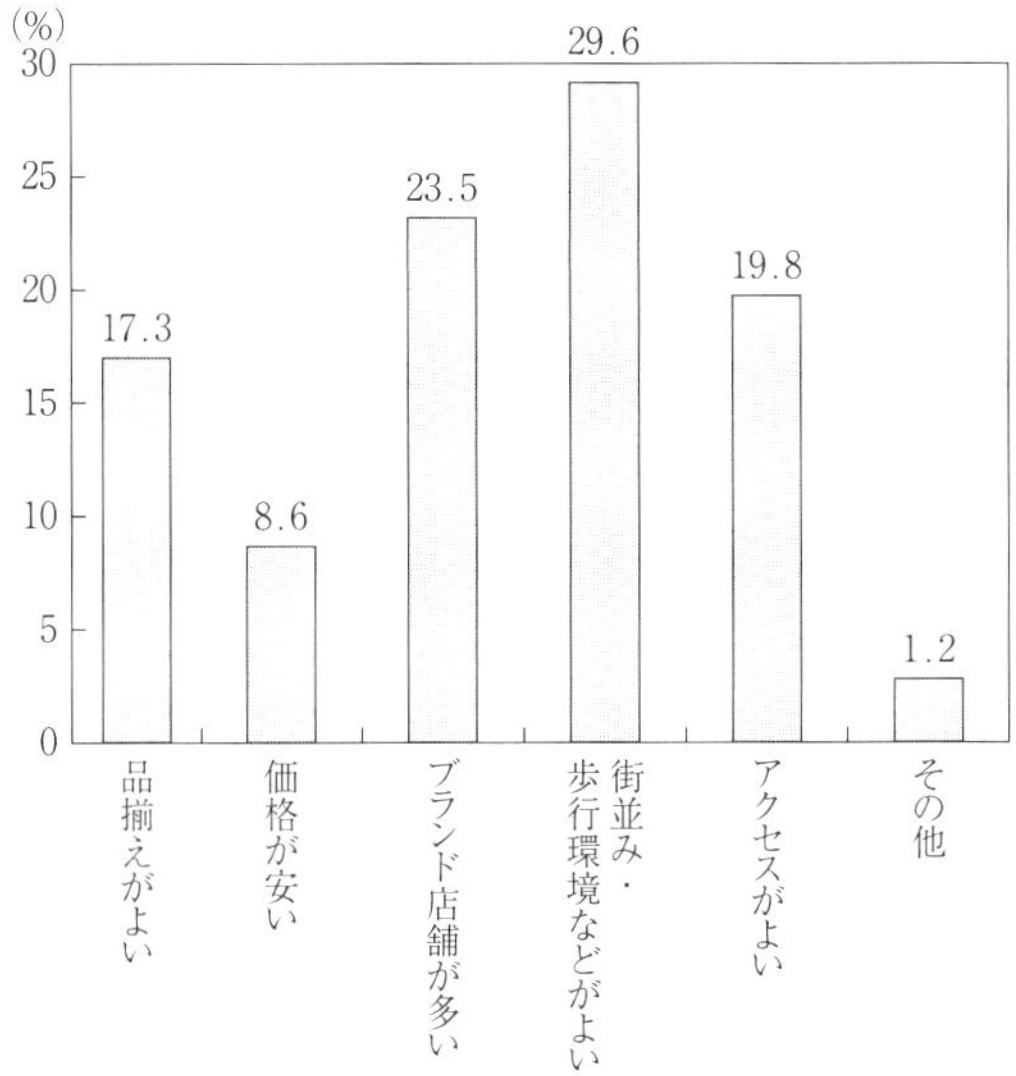

図4-6 中心市街地の魅力（郊外型大型小売店舗との比較）

交通手段

続いて中心市街地への交通手段について見てみよう。データの詳細は割愛するが、アンケート調査結果によると中心市街地に来るための所要時間が「一五分から三〇分未満」では「徒歩」が「車」よりも多くなっており、比較的近距離においては「歩いてお買い物」の志向が強い点がわかる。

また、データを組み合わせるなど総合的に見た交通手段では、「自転車＋徒歩」の割合が二七・二％、「公共交通機関」は、三一・四％、「自家用車」は三七・一％となっており、自動車以外の利用者が多数を占めていることが確認できる。

近隣からの来客も大勢いることから

「近隣の顧客がマーケットの対象であるにもかかわらず、ブランドショップがあるなど広域型の性質も有する」点がイギリスの商店街の特徴でもあり、魅力ともいえよう。このように、近隣商圏（小さな商圏）でもブランドショップなどが成立するケースが日本にはきわめて少ない。これは、日本の商店街も歩行環境を整えたりすることで十分に来街者を増やすことが可能である点を示唆している。

中心市街地での買い物

ここで中心市街地での来街頻度や滞在時間、そして平均購入額などについて見てみたい。

中心市街地への来街頻度は「一月に一回から五回まで」がトップ（四七・八％）となっている。一月に六回以上が五二・二％であることから、多くの客が一週間に一度以上は中心市街地を訪れていることがわかる。また、中心市街地での滞在時間は「三〇分未満」と「一時間半以上」がともに二八・四％と最も多く、両極化していることがわかる。つまり、商店街が「最寄り品（例：食料品）」と「買回り品（例：衣類等）」の両方の買い物を楽しめる機能を兼ね備えており、目的を達成したらすぐ移動する層と、ゆっくりと買い物などを楽しんでいる層の両者が存在している点が窺えよう。

中心市街地商業施設での平均購入価格は一四・六五ポンド（約三三六九円）となっており、

最も多い回答は一〇ポンド以下（約二三〇〇円）であることがわかった。ブランド高級品を買いにくる層も存在するが、基本的には身の回りの品など小額の買い物をする人も多い。これも日本の商店街では見られない点である。

チェーンショップ

続いて、商店街の店舗構成を見てみよう。先にも少し触れたが、イプスウィッチの商店街の店舗数は約四二〇店舗で、大型スーパーが二件あり、全国チェーン店の割合が約八割であった。その他が地元のスーパーや独立店舗（個人経営）などであるが、古い町並みの中でサービスは新しいいわゆる「コンバージョン型」の再生（店の概観は古いたたずまいを残し、内装を新しくする）が主流であることがわかる。日本の場合、例えば和歌山市中心市街地のぶらくり丁商店街はNPO施設が約二割、個人経営の独立店舗が約七割、全国チェーン店が約一割であった（空き店舗（約四割）を除く）。これは、一般に日本の中心市街地の商店街の一般的なデータといえる[10]。イギリスの商店街の店舗構成と明らかに異なるが、これは、店舗を第三者に貸しやすいか否か（もしくは貸す意思があるかないか）の差の現れであろう。また、全国チェーン店の資本力の強さが、品揃えの豊富さなどにも影響する。イギリスの商店街で全国チェーン店の比率が高い点は注目に値する。

中心市街地活性化に関する行政への期待

ここでは中心市街地活性化に期待する行政の役割について見てみたい。最も要望が大きかったのは「イベントの開催」（四〇・七％）であった。イギリスでは、中心市街地の抜本的な再開発（ゼロからリニューアルするような再開発）はあまり行われない。したがって、商店街などにおけるイベント事業が活性化の中心的な役割を担っていることがこの数字からもわかる。続いて、「道路等の公共インフラの整備」（三三・三％）と回答した人も多く、中心市街地へのアクセス手法の改善を求める声も高かった。

滞在時間と属性

これまで、アンケート結果の記述統計等を中心に分析を行ってきたが、最後に中心市街地での「滞在時間」とその「要因（属性）」との関係性を見るために簡単な計量モデル分析を行った。中心市街地の最も大きな魅力として整った歩行環境の中で快適なショッピングを楽しむ点が挙げられる（図4-6再度参照）。これは、本書で繰り返しその重要性を指摘してきた「街の個性的価値」のひとつの形態と思われる。

日本でも歩いて暮らせるまちづくり、いわゆる「歩いて暮せるまちづくり構想」が、政府の都市政策構想として注目されている。歩いて暮らせるまちづくり構想とは、地域の様々な工夫や発想をもとに幅広い世代が交流し、身近な場所での充実した生活を可能とするとともに、これからの本格的な少子・高齢化社会に対応した生活を実現させようとする試みである。日本では一九九九年一一月の経済新生対策において、閣僚会議決定がなされている[11]。

ところで、中心市街地でショッピングを楽しむ層にはどのような属性（要因）が影響しているのであろうか。高年齢層ほど、ゆっくりとまちなかを滞在する傾向にあるのだろうか。また、所得水準に応じて滞在時間に変化はあるのだろうか。

これらの情報は、日本でも魅力ある中心市街地を模索する際に必要なものとなる。この点を調べるためにここでは、滞在時間を被説明変数（平均時間以上＝1、平均時間以下＝0）にとり、またこれを説明する要因（説明）変数としてアンケート回答者の「現在の年間所得（＝収入）」や「年齢」などを用いて二項ロジット分析を行った[12]。

「散策できる」中心市街地

結果を見てみよう。回答者の「年齢」に関する係数の t 値（変数の重要性を示す指標）が統計的に有意であった。一方、「現在の年間所得」は有意ではなかった（有意水準五％）。つまり、イギリスでの買い物時間は所得水準によるものではなく、年齢層が上昇するにつれて滞在時間が長くなる傾向にあることがわかった。この点については、日本の中心市街地のデータを用いて分析した筆者の研究[13]とは反対の結果、つまり「年齢」が有意ではなかった点と比較すると面白い。

つまり、イプスウィッチの街では高齢者をふくめ大人がゆっくりと滞在できるように街並みや買い物環境が整備されている可能性が高い。「滞在型ショッピング環境」こそがイギリスの中心市街地の商業施設に市民が集まる主要な要素なのであろう。

この結果の示唆する意味は大きい。日本の中心市街地では、いったいいくつの地域が楽しみながら回遊できる性質を備えているだろうか。この「散策できる」魅力は郊外型の大型店舗との差別化にもつながる。日本でも中心市街地の街並みをコンバージョンなどの手法で整備して、市内外を問わず歩行者が楽しく買い物ができる環境の整備が必要であろう。

3　ダートフォード市のケース――人口約一〇万人

最後に人口一〇万人以下の都市の中心市街地の現状について考察を行いたい。特に郊外型の大型小売店舗が中心市街地の商店街に及ぼす影響について最新のデータが得られたので、検証してみよう。

ロンドンの南東五〇キロほどのところにあるダートフォード市は人口約八万五〇〇〇人の

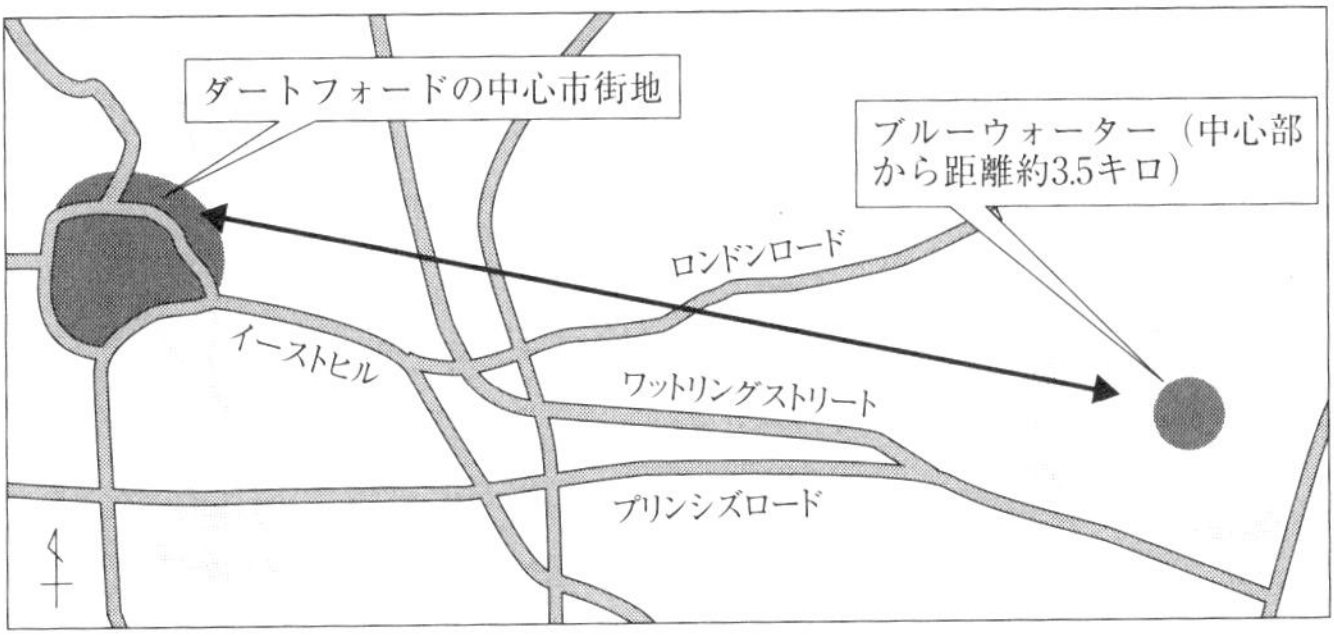

図4－7 中心市街地と郊外型大型小売店舗（ブルーウォーター）の位置関係

ベッドタウン（ロンドン市内への通勤）である。同市の中心市街地は古くから栄え、総面積三〇〇ヘクタール、商店は現在約三〇〇店舗、合計店舗面積は約七万二〇〇〇㎡、レストランの総床面積は一万五〇〇〇㎡となっている。日本でいえば、東京近郊、ないし大阪近郊の中心市街地のケースがこれにあたる（東京の町田市、大阪では泉佐野市といったところか）。同市には一九九九年、中心部から約三・五キロ離れたところにブルーウォーターという大型商業施設が開業した。同店は約四万㎡の店舗面積、一五〇店舗を有する超大型の郊外型小売店舗といえる。

同市のSWOT分析における外的要因は、「機会」が人口の多いケント州とロンドンとの中間に位置し、巨大な居住人口を抱えている点、「脅威」が近郊都市（ロンドン東部、グリニッジなど）との競合、内的要因の「強み」は大学が付近に多いことによる豊富な若年労働者数、「弱み」はイギリスの住宅街を主とする都市ゆえに観光客が少ない点などが挙げられる。

ここでは、主に一九九九年からの郊外型大型小売店舗ブルーウォーターの進出が、地元の中心市街地の商業施設にプラスに作用したのか、マイナスに作用したのかについて見てみよう。

来訪者が中心市街地に来た目的

筆者は、ロンドン大学UCL校（ユニバーシティカレッジ）の大学院生と共同で二〇一一年八月に中心市街地で調査を実施した。[14] 現地でのアンケート調査は買い物環境を中心にいくつかの項目について実施されたが、以下、質問した項目に沿って分析してみよう。

まず、イプスウィッチ市の調査で行った質問と同じ質問、すなわち、「街を歩く人がなぜ中心市街地を訪れたのか」、について聞いてみた。その結果、「ショッピング目的」が最も多く（回答の六〇％）。続いて「ぶらぶら歩く」（一四・五％）との回答が続いた。イプスウィッチ市のケースと同じく、中心市街地での訪問客はまちなかを散策しながらショッピングを楽しむ様子が伝わってくる。なお、中心市街地への交通手段については、「徒歩で来た」が三八％とトップで、車利用が全体の二三・六％と少なかった。

公共交通機関（バス等）を利用したとの回答が二一・七％となっており、徒歩と公共交通機関、自転車を合計すると約七割近い人が車以外の手段で中心市街地に来ている。つまり、近隣からの利用が多い商店街となっている。人口規模が違う二つのイギリスの地方都市（イプスウィッチ市とダートフォード市）とで同じような結果が得られた点は興味深い。

図4-8　ブルーウォーター

出所：http://www.geograph.org.ukphoto385846

どの店で買い物をしたのか

続いて、「中心市街地での買い物の際、どのような店を訪問したか」について質問したところ、日本でいうところの全国チェーンの集客スーパー（J・センズベリー〔食料品専門〕とプリマーク〔衣料等専門〕）が最も多く、全体の三〇％程度であった。イギリスでは、中心市街地での再開発・再生に優先順位（郊外との比較の上で）が置かれているために（つまり、PPS4〔旧PPG6〕の存在）、やや大型のスーパーは中心市街地に多く立地している。

そのため、大型スーパーが小規模な独立店と空間的に連携し、また顧客を吸引し、まちなかに回遊させる仕組みがある。この結果、中心市街地に十分買い物が楽しめる空間の配置がなされているのである。

郊外型の大型小売店舗への訪問回数

ところで、顧客は中心市街地の商業施設とブルーウォーターと、どちらをより積極的に利用するのだろうか。この点についても質問を行ったが、ブルーウォーターの場合、回答者の五八%が「一ヶ月に一〜五回ほど訪問する」と回答した。一方、中心商店街の商業施設の場合、同じ質問で三三・六%の回答であった。他方、中心市街地の商業施設に一六回以上（一ヶ月に）訪れる人々は全体の二九・一%であるのに対し、ブルーウォーターは七・三%しかなく、中心市街地の商業施設はその訪問頻度において郊外店に比べ四倍も多い。

これらの結果から、ダートフォード市の顧客は中心市街地の商業施設への訪問頻度が高いことがわかる。一方で、郊外型の大型小売店舗は週末に少し買い物へ行く程度の頻度と考えられる。日本の場合は商店街がシャッター通りとなっている点を考えると、イギリスでは、「商店街」が健全に発展している証左といえよう。

郊外型の大型小売店舗に比べて中心市街地が優位な点

中心市街地が郊外型の大型小売店舗と比べて優位に立っている点はなんだろうか。

ダートフォード市の中心市街地での買い物客は（郊外型の大型小売店舗に比べて）「価格が安い」、「品揃えが豊富」をトップ3に計上しており（合計で五一％）、買い物に十分満足している点が窺える。一般に、イギリスの商店街では「高級品、日用品も購入できる総合ショッピングモール的な役割」が機能しており、特に商店街にブランドショップが多い。

筆者の知る限り、日本では高級店が商店街界隈に入っているケースは高知県高知市や香川県高松市の一部に限られているが（百貨店内部を除く）、イギリスでは地方都市の商店街にコーチやティファニーなどをはじめ、多くのブランドショップが普通に商店街内に出店している。

さらに、商店主の平均年齢を聞いたところ、四〇・三歳で最頻値は二六歳から三五歳であった。つまり、日本と比較して店主の年齢が非常に若い。日本の場合、地方都市では一般的に五〇代以上が七割から八割以上を占めており、当然ながら平均年齢に大きな差がある。

やはりここでも全国チェーンのショップは多い

最後に、ダートフォード市での店舗構成を見てみよう。ダートフォードの商店街の店舗数は三一二店舗で、大型の主力スーパーが二件あり、これを含めた全国チェーン店の割合が約八割であった。その他が地元のスーパーや独立店舗（個人経営）などである。ここでも、古い街並みの中でサービスは新しいいわゆる「コンバージョン型」の再生手法（店の概観は古いたたずま

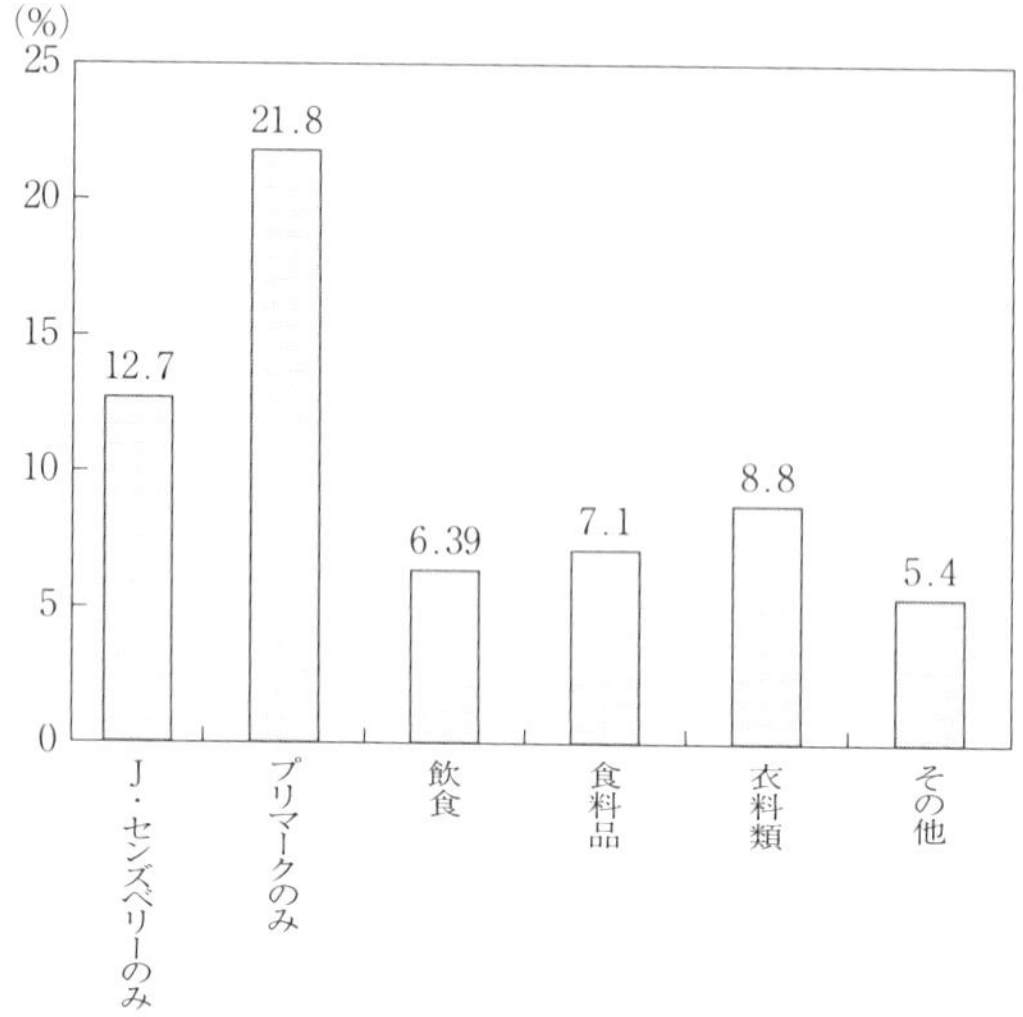

図 **4－9**　ダートフォードの人気ショップ（顧客が訪れた店）

いを残し、内装を新しくする）が採用されている。

さらに、顧客が訪れる主力スーパーの訪問率に関するデータを見ると、J・センズベリーとプリマークで全体の三割を占めていることがわかる（図4－9）。

日本の場合も駅前スーパーでの集客を他の店舗に回遊させる手法は多くの地方都市で見られるが、イギリスの場合こうした主力スーパーだけでなく、全国チェーン店も地元店（独立店）への回遊に貢献している。

郊外型の大型小売店舗の誘致で商店街の売り上げは減ったか

前述のように、ダートフォード市郊外に一九九九年に郊外型大型小売施設「ブルーウォーター」が新しく出店したが、このことによって中心市街地の小売店はどのような影響を受けたのだろうか。

すべての質問項目の中で最も興味深いものともいえるが、「郊外店舗の存在が中心市街地に影響していない」との答えが最多で(四〇・九%)、「売り上げが落ちた」との回答は全体の二〇%程度であった。

ブルーウォーターの存在が、中心街の店舗にプラスに影響したとの意見もある(二一・三%)。プラスに作用したとの意見には、その理由として「(郊外店舗の誘致により)特急電車がこの街に停車する要因になった」を挙げる回答者もいた。また、ブルーウォーターの誘致の結果、周辺地区で住宅開発がなされ、人口が増えた(同市役場職員)などの意見もあった。

ダートフォード市の中心市街地と郊外型大型小売店舗との差別化

総じて、ダートフォード市の中心市街地には顧客が多く、経済状態は健全といえる。実際に中心市街地での出店のメリットとして中心部ではアルバイトなど雇用の確保が容易である、と感じている商店主が多い(四三・二%)。この点は、一般的な日本の商店街の実態と大いに異なる。日本の地方都市では、アルバイトの確保に苦戦している商店街が多い。仮に商店主が病気などの理由で営業を続けることができなくなった場合、そのまますぐに廃業となるケースもある。

さらに、ダートフォード市では、まだまだ現在の売り上げが伸びると信じている店主も多く（二二・四%）、「現在の売り上げにまだ満足していない層」が「現在の売り上げに十分満足している層」を上回っている。

この分析からわかるように、少なくともブルーウォーターが誘致されて一〇年以上経った調査時点（二〇一一年）でも中心市街地の商業施設が衰退したとの情報は得られなかった。そして、その理由として「（魅力の）差別化」が挙げられるように思う。

中心市街地の商業施設は依然、品揃えが豊富であり、ブランドショップもある。外で歩いて買い物を楽しむという「ぶらぶら楽しむ」感も加わり、全体として買い物の楽しさが郊外のそれとは異なるのであろう。また、交通手段として「歩いて来る」がトップであるように、商圏は小さいものの中心部の周辺に住む顧客をうまく集客している。郊外はその立地ゆえに当然ながら車で来るものが多いが、こうした異なる魅力を互いにもつことにより「差別化」に成功している。

本章で紹介した都市は、いわゆる「観光商店街」を形成している都市ではないが、中心市街地の商店街と郊外型の大型小売店舗がどちらも異なる魅力を有しており、差別化に成功している。例えば、中心市街地の商店街は全国チェーン店の比率も高く個人営業の独立店との共存のい、中で近隣の顧客の確保に成功し、郊外型の大型小売店は大量に安い商品を買いたい顧客を魅了している。

車社会が浸透しているイギリスで、日本の商店街で行われる一般的なアンケート調査結果と全く異なる事実が出ているのは注目に値しよう。

4 イギリスの事例に学ぶシャッター通り再生への教訓

本章ではこれまで、イギリスにおけるいくつかの地方都市の中心市街地活性化の事例を見ながら分析を行ってきた。本章の内容は以下に要約される。

第一に、イギリスの中心市街地は外観としては伝統ある個性的なまちづくりがなされている反面、時代の要請に応じたサービス・品揃えが豊富である。この点は全国的なチェーン店の存在も大きく貢献しているようだ。日本の商店街は個人経営のいわゆる独立店舗が極めて多く、こうした独立店舗もとても魅力的だが、それればかりでは一度衰退が始まると後継者が決まらず、結局経営が行き詰ってしまう傾向にある。程よいバランスの全国チェーン店の存在も活性化には必要であろう。つまり、イギリスの商店街は品揃えが豊富で、高価なものも買える。

第二に駐車場についてはイギリスも格段に整備が進んでいるわけではなく、日本同様無料ではない。それでも中心市街地が寂れないのは、この駐車場要因が中心市街地の衰退の要因なのではない点を示唆している。

第三に、シェフィールド市とダートフォード市の事例で見たように、イギリスでは中心市街地と郊外の大型ショッピングセンターとが差別化に成功し、いわゆる共存関係にある。第2章でも紹介した一九九三年以降の政府の「中心市街地活性化重視」の姿勢や都市計画の指針であるPPG6の存在などもこれを後押ししているのだ。しかし、より重要なこととして、政策的に中心市街地の魅力（歩いて買い物をする魅力）がうまく演出されている点を指摘したい。郊外型店舗では真似ができない点を強調することで、魅力の差別化に成功している。

最後に、イギリスでは中心市街地へ訪れる客の年齢層が高くなるほどに、中心市街地での滞在時間も長くなることが計量分析により明らかとなった。中心市街地が高齢者の交流の場になっていることもあり、シルバー世代にも親しみやすい中心市街地が実現している。

日本では二〇〇七年一一月より新しいまちづくり三法が施行された（都市計画法と中心市街地活性化法が改正されたが、大規模小売店舗立地法は改正なし）。

この改正で新たになったものは、中心市街地再生に関する補助金投入の「選択と集中」の理念の導入である。改正以降、自治体がつくる中心市街地活性化基本計画は内閣総理大臣の「認定」を受けなければならなくなった。ここで認定されたものが補助金等の整備を受けやすくなるので、自治体は優れた基本計画をつくらなければならなくなる。この認定を受けることに成功した自治体のみが補助金を獲得し大掛かりな中心市街地活性化策を実行することが可能となる。

さらに都市計画法の改正と絡んで、床面積一万㎡以上の店舗などが出店できる地域は「近隣商業」「商業」「準工業」の三地域に限定されることになった。つまり、二〇〇七年からは、再び郊外型店舗の出店が規制されることとなった。しかし、事前に地区計画を立てていた場合などは例外的に大規模小売店舗の出店は可能であり、実際にこれまで目立った効果は観測されていない（シャッター通り化に歯止めがかかっていない）。

しかし、本書で示したように街の伝統的街並みを残すような都市再生を実施し、一方で空き物件を貸しやすくし、その結果ある程度資本力のある店（全国チェーン店を含む）を増やすことは必要である。さらに歩いて楽しいまちづくりを行うことで、郊外型店舗との差別化が可能となるであろう。

それを実現させるために必要な政策は、①資源の選択と集中、②地元で使い勝手のよい資金制度の提供、そして③ＰＰＧ６（二〇〇五年以降はＰＰＳに名称変更）のような秩序ある開発順序を定めた都市計画制度の制定、などである。さらに空き店舗を流動化させる仕組み（一定期間が経過したら必ず借りた土地を返さなければならないという定期借地制度の利用促進など）があればよい。まちづくりのビジョンを明確にし、徐々に計画を実行させれば、日本でも十分に中心市街地の再生は可能であることをイギリスのデータは示唆している。

注

（1）「大型空き店舗等調査分析事業報告書」経済産業省、二〇一〇年参照。
（2）足立基浩『シャッター通り再生計画』ミネルヴァ書房、二〇一〇年参照。
（3）イギリスではコア・シティ（Core City）と呼ばれるいくつかの地方都市の中心となる都市を指定している。これらにはカーディフ市、ブリストル市、シェフィールド市、ノッティンガム市（Cardiff, Bristol, Sheffild, Nottingham）などを筆頭に合計六箇所ある。
（4）シェフィールド市は二〇〇二年と二〇〇八年の二度にわたり、ヒアリング調査に訪れた。
（5）同市が行った調査資料（二〇〇六年）による。
（6）日本政策投資銀行編『海外の中心市街地活性化』ジェトロ出版、二〇〇〇年参照。
（7）イプスウィッチ市ではジェームズ氏（James、まちづくり会社員）が調査に協力してくださった。ここに謝意を表したい。
（8）コンバージョン型再生手法については、足立、前掲を参照されたい。
（9）アンケート実施に際してはイギリス調査に同行した足立ゼミナールの学生（他のゼミ生も含む）一二人の協力を得た。ここに謝意を表したい。詳細については足立基治「イギリスの中心市街地活性化に関する分析」『研究年報』（和歌山大学経済学会）第一一号、二〇〇七年を参照されたい。
（10）熊本市の場合は全国チェーン店の割合は約二割であった。「熊本市中心商店街店舗構成の変化調査――二〇年間で様変わりした熊本の中心商店街」地方経済総合研究所、二〇一三年参照。

(11)　社団法人新都市ハウジング協会『歩きたくなるまちづくり』、(社)新都市居住環境研究会、鹿島出版会、二〇〇六年、三〇頁を参照。

(12)　本分析に用いたモデルは二項ロジットモデルと呼ばれるものである。これは、説明される変数（これを被説明変数という）が「1」もしくは「0」の二項データの場合の分析手法で、被説明変数と、それを説明する変数との関係を見るものである。例えば、「ある」、「ない」などは変数では、「1」、「0」で表現される。

ここでは、アンケートに回答してくれた方々の中心市街地の滞在時間を長さに応じて「1」「0」とした。ただし、滞在時間が長いか短いかを計る基準は存在しないため、平均滞在時間以上を「長期滞在」としてダミー変数「1」を、またそれよりも短い時間の場合を「短期滞在」としてダミー変数「0」を変数として利用した。回答者の滞在時間を説明する変数には、滞在時間に影響を与えるような個人属性である、「年齢」、「所得」、「職業」などを利用した。そして、データを入れてどのような説明変数が滞在時間に影響しているのか「t値」と呼ばれる指標を用いて調べた。t値がある基準より高ければその変数は滞在時間の長さに影響していることになる。なお、この水準は五％（有意水準）が用いられることが多い。

(13)　足立基浩「和歌山まちなか滞留空間創出事業」社会実験調査分析業務報告書、二〇〇六年三月を参照。

(14)　調査票はロンドン大学UCL校の大学院生（当時）の上野美咲氏（元和歌山大学足立ゼミ生）によって、二〇一一年八月三日、四日に同市内中心市街地にて直接配布回収された。配布回収数は一九七枚、男女比率は男性五一％、女性四九％であった。また、国籍はイギリス国籍の回答者が八七％、イギリス国籍以外の回答者が一三％、平均滞在時間は四一分、中心市街地での平均消費額は二六・五ポンド（約三二八六円、為替換算一ポンド＝一二四円〔当時〕）であった。

第5章　個性を活かした都市再生

――観光都市へどう変貌させるか――

観光客など外部の顧客を十分に意識した中心市街地の商店街地区の再生例について見てみよう。ここでは、二〇〇六年、和歌山大学の学生たちとともにまちづくりの調査のため赴いた観光都市としてのブライトン市（人口約二五万人）、二〇一〇年一〇月に訪問した文化都市としてのフォークストーン市（人口約五万三〇〇〇人、二〇一一年時点）、マーゲート市（人口約五万七〇〇〇人、二〇一一年）の三つの事例について述べたい。

いずれも、都市の個性を磨いて様々な仕組みづくりを行い、地元客のみならず観光客を中心市街地に呼び寄せることに積極的な地域である。都市部からは離れているが観光名所が豊富にあり、観光客の誘致を絡めてシャッター通りを再生させたい日本の中心市街地には参考になる事例である。

1　ブライトン市のケース――ロンドンから最も近い保養地を再生する

ブライトン市とは

訪問したのは今やイギリス一人気の海浜リゾート地として有名なブライトン市（正式にはBrighton and Hove 市。一九七二年に合併して現在の形となったが、ここではブライトン市と呼ぶことにする）である。同市はロンドンから電車で南に下って一時間半ほどの距離であり、労働党、保守党の党大会などが行われる地でもある。[1] 日本では、和歌山県新宮市など観光の魅力にあふれているものの、やや経済的に苦戦している（昼間人口・夜間人口などがともに減少傾向にある）地域[2]に参考となるであろう。

イギリスの地方都市には、一〇〇年以上の歴史をもつ教会や商店が残っている中心市街地が多く存在する。住宅の耐久年数は八〇年から一〇〇年、また今回訪れたブライトン市役所も一五〇年以上前の建物を今でも使用している。古いものを大事にしながら利便性も追求するイギリス流のまちづくりを垣間見ることができる。

この街のSWOT分析であるが、「強み」が観光地と長年の伝統、「弱み」が経済状況が近年芳しくない点、「機会」は二〇一二年のロンドン・オリンピックを契機に海辺の観光地としての魅力が増している点、「脅威」としてはその他のドーバー海峡沿いの都市の観光地ライバルの出現がある（後述するマーゲート市など）。

前章までに紹介したように、イギリスでは地域活性化に必要な国の補助金は地元が公募で勝ち取るしかない（SRBなどの競争的な資金）。一九九〇年代に経済が衰退しかけていたブライトン市では活性化のために、ボランティア団体、地元企業、行政が共同でこの補助金の申請を行った結果、SRB等の資金を獲得することに成功している。

古い建造物・地区を残しながら海岸線に近い中心市街地の街並み整備を行い、その他イベン

図５－１　ブライトン市長とともに
2006年９月に撮影。

トの開催、若者たちが集うアリーナ（埠《ふ》頭《とう》）の整備なども積極的に実施している。その結果「ロンドンから最も近い保養地」として、ブライトンの地位は揺ぎ無いものになったのである。

しかし、取材に応じてくださった市長によるとブライトン流まちづくりの秘訣はむしろ「まず自分の住む街をもっと楽しもう」という精神的な部分にあるのだという。行政によるまちづくりの意思を最終的に実現できるのは市民であるとの強い認識が垣間見える。

ところで、ブライトン市はイギリスでも大都市の部類に入る。主な産業は漁業や、製造業、そして観光業である。観光業は都市経済全体の一〇％程度を占め、いまや基幹産業ともいえる勢いである。

日本でも地方都市の再生に中で観光業が占める役割は大きい。企業誘致がままならない遠隔地ほど、整備次第によってはどこでも観光地になりうる潜在性を有しているからである。

一九九〇年代に入り経済環境が悪化してきたブライトン市の中心市街地では、一九九五年に

図5－2　ブライトン市の中心市街地
2006年9月に筆者撮影。

政府の補助金であるSRB（単一補助金、第2章参照）の申請を行うことになった。この地域で特に深刻だったのが失業率の急激な増加であった。一九九〇年初頭には失業率は二五％にまで達し、四人に一人が仕事のない状態であった。ホームレスも増加し、公営住宅以外の民間建設などの投資は起こりにくい状況であった。

そこで、自治体が真っ先に取り組んだのが中心市街地再生をはじめとする商業や観光業、また製造業振興による雇用の確保である。製造業においては拠点整備や、産業を誘致しやすいようにインフラを整備し、中心市街地においては特に安全管理を徹底した。

また、かつてのリゾート地の魅力を再生させるために、歴史的な建造物はそのまま保持しながら改修を行った。また第2章で見たようにイギリスの都市再生の特徴として、公的資金がレバレッジ（てこ）になって民間資金を呼ぶ手法がある。具体的には一九九八年にスタートしたNDC（New Deal for Community）資金の活用例が挙げられるが、これは日本でありがちな

図5－3　熱心に聞き入るゼミ生たち

2006年９月に筆者撮影。

「補助金を使ってハコモノ建設をしたら終わり」というタイプの再生資金ではない。やや長期にわたる、例えば一〇年以上にわたる地域コミュニティの育成などにも配慮された資金である。(3) 地域のコミュニティ育成を重視する労働党的な色彩の強い策といえよう。

その結果、中心市街地のインフラ整備、そして海岸から商店街を通り抜けての観光客の回遊性の導線確保などが功を奏し、多くの観光客・ビジネス客を誘致するにいたっている。

ブライトン市では、一九九七年から二〇〇四年までの過去七年間のプロジェクトを実行した結果、二万八三七〇㎡のビジネスフロアーを誘致することが可能となった。さらに、ベンチャー企業育成支援（Start-Up）プログラムも好調に始動することとなった。また、一地域だけの活性化ではなく、周辺地区にも活性化の恩恵を受けさせるための「近隣再生（Neighborhood Renewal）」策も実施された。

ブライトン市が一九九五年から中央政府から得たSRB補助金の額は日本円換算で合計八〇億円にものぼり、二〇〇六年までに一七〇億円ほどの民間投資も誘発された。この結果、合計二五〇億円が一九九五年から二〇〇六年までの一一年間で用いられたこととなり、地方都市の中心市街地再生のみでこれだけの巨額の投資が行われるのは日本では考えられないことである。再開発というよりも、景観等を重視し、伝統的なたたずまいを残しながらの再生手法が用いられた。

イギリスの場合これまでの章で見たように補助金の交付の際に民間・行政・NPO（ボランティアグループ）が協働する「パートナーシップ」による計画案の策定が義務づけられている。民・官・学などが幅広いネットワークを構築し、再生の効果を大きなものにしている点は注目に値する。

「ロンドンから最も近い保養地」への変貌

今回の調査で特に印象に残っているのが、本章で紹介したこのブライトン市の観光業を活かした都市再生の手法である。官民一体となって再生をする手法はもちろん、すべての産業（第一次・二次・三次産業）を関連させての都市再生に特徴がある。

また、まちづくりにおける「温故知新」の精神にも注目したい。古きものには伝統に根ざす素晴らしき何かがあり、それを時代に合わせて別の形でアレンジさせる仕組みが必要である。イギリスの街並みは概して整っており、訪問者の目を楽しませるものであるが、これは市民が意識的に残そうとしているからである。

ブライトン市のまちづくりの手法は、まちなかを根こそぎ変えてしまうようないわゆる「再開発型」の再生ではなく、現状の街並みを活かしつつ店舗の内部をリニューアルする「コンバージョン型再生」といえる。コンバージョン型再生とは街の伝統的なたたずまいを残したままの再生手法のことであるが、この結果地域の伝統的建造物などの景観的個性を残すことができる。観光都市の再生にお勧めの手法といえる。

当然ながら観光都市としての魅力を軸とした再生手法なので、郊外の大型小売店と中心市街地の商店街とで魅力の面で差別化することが可能である。

日本では大分県の豊後高田市や滋賀県の長浜市などをはじめ、地域の歴史的な景観をモチーフにした観光商店街が多い。

日本でも、スクラップアンドビルドの世の中は去り、現在ある魅力を掘り起こして都市を再生させる仕組み作りが必要である。イギリス流にいえば、伝統的空間に配慮しつつ新しいニーズも汲んだ街並みの再生といえよう。

2　フォークストーン市、マーゲート市のケース――アートによる都市再生

続いてアートをモチーフにしたまちづくりの事例を紹介しよう。二〇一〇年一〇月下旬、筆者は大分大学の椋野美智子研究室が主体となって実施したイギリスの海浜都市フォークストーン市、マーゲート市の都市再生に関する調査に共同調査スタッフとして参加する機会を得た。訪れたのは主に、イギリス、ロンドンより南東部（テムズ川のさらに南部、海浜部）地域の都市であり、この地域で実施されている芸術を利用した都市再生について調査した。イギリスでは中心市街地の再生について、芸術を用いた手法が活発に実施されており、先進地の事例としてはイングランド北部のリバプール市やスコットランド地方のグラスゴー市などがある。

この都市郡のSWOT分析をしてみよう。なお、ここではフォークストーン市、マーゲート市をまとめて一郡として分析したい。これらの都市郡の「強み」がアート発信の場としての魅力を伝統的に有している点、「弱み」が経済の停滞、「機会」はロンドンから電車で一時間程度で来られる点、「脅威」としては都市再生を行うにあたっての限られた予算制約である。

それぞれ、人口五万人前後の小規模都市で、かつ文化を活かした個性的な都市再生の事例を見てみよう。

フォークストーン市とは

二〇一〇年一〇月下旬にフォークストーン市というロンドン南東部の小さな海の町（人口約五万人）を調査に訪れた。かつては避暑地として繁栄していたが、九二年にフランス行きのフェリーが廃止されて以降、やや衰退ムードが漂っていた。日本でも、地元アーティストによるイベント事業の実施など、いくつかの再生事例が近年注目されている。全国からアーティストを募り夏の一定期間アートのイベント事業を実施した「アートで田辺」（二〇一三年七月、和歌山県田辺市）などが類似事例として挙げられる。

さて、このフォークストーン市であるがフェリー産業に代わる新しい産業を探る必要があった。しかし、行政には具体的なビジョンや予算がなく、民間も衰退地区に投資を行う余裕はなかった。日本でもよくある光景である。

そんな中、立ち上がったのが地元で有名な資産家ロジャー・デハン氏であった。デハン氏にとって生まれ育ったこの地には愛着心があり、街の衰退を見てはいられなかった。デハン氏は旅行パッケージ会社（一九五七年設立）の創立者の息子で、後にこの会社を売却することで一三億ポンド（約一五〇〇億円）の富を得ていた。その富を元手に自分の生まれ育った街を再生しようと考えたのだ。

具体的には、ロジャー・デハン・チャリタブル・トラスト（慈善活動基金の財団、以下、ロジャー・デハン財団）を設立し、約五〇〇〇万ポンド（約六五億円）を出資し、このお金を地元の教育再生のために役立てようと考えた。

今から二〇年ほど前、フォークストーン市の教育は荒れていた。特に市街地に位置する地元の高校の教育評価は、全国でも四番目に悪い状態で、卒業試験に合格するのは全体の五％といった状態であった。そこで、この高校を「アカデミー」と呼ばれる専修学校として再構築することで、教育再生を試みたのである。

まず、校舎施設全体の更新のために約四五〇〇万ポンド（約五〇億円）を出資した。そして、ノーマンフォスターという全国的に著名な設計士を雇い魅力的な校舎づくりを開始した。

この動きは地域を動かし、地域開発庁（ＲＤＡ）や基礎高等教育センター（High Education Foundation Centre）からも資金援助を得ることとなった。その結果、学校の雰囲気がガラリと変わり、教育水準も短期間にイギリス国内でトップクラスとなるにいたった。

この教育事業に加え、ロジャー・デハン財団はこの街を芸術の街として再生させるために様々な策を実施した。もともと、この地では著名な芸術家が多く、芸術の街としての素地があった。

ロジャー・デハン財団はクリエーティブ・クオーターと呼ばれる不動産会社を設立し、できるだけ多くの芸術家が住み、アトリエを構えることができるような事業を展開した。

現在では、芸術家のためのアトリエとして空き店舗が再生される物件ケースも増え、確かに芸術家たちもこの地に移り住むようになった。この結果、中心市街地の人口もわずかながら増えた。

ところで、デハン氏がこうした慈善活動に注目したのにはもうひとつの理由がある。それは行政による都市政策は首長の交代や職員の配置換えなどにより短期的なものになりがちであるという弱点を克服したかったからである。デハン氏がいうところの「地元の人々、民間企業等が主体となれば長期的なまちづくりが可能である」、という考え方は興味深い。

日本でも、一九三〇年に紡績業の実業家大原孫三郎が開館した岡山県倉敷市の大原美術館（西洋・近代美術を展示する美術館としては日本初）をはじめ、地元の資産家が地域再生のために立ち上がった例はいくつかあるがその数は少ない。イギリスでは、デハン氏のように自らの私財を投じてまちづくりをはじめるケースは本ケースに限らず多い（例えば、地方大学などでは、地域のスポンサーが名づけた研究機関が多数存在する）。また、ナショナルトラストなど、市民団体による土地の買占め運動などはかなりの古い歴史がある。地域への愛着が原動力となり、地域を動かす。財政的に余裕のない地域にとっては、理想的なまちづくりの構図がそこにある。

フォークストーン市のアートが街にもたらしたもの

さて、フォークストーン市のまちづくりの特徴を改めて整理したい。

フォークストーン市の場合、アートをモチーフにしたまちづくりはまだ緒に付いたばかりであり、その効果については今後の研究に期待したい。

しかし、街を愛する地元の慈善家が先導した点では注目すべき民間主導の都市再生事例といえる。衰退都市の負のスパイラルを断ち切ることに成功した点でも、こうした慈善家の存在は大きな意味をもつ。さらに、フォークストーン市はアートにゆかりのある地であり、こうした地域資源を活かしていずれは観光客を呼び込むという長期にわたる再生プランを立てている点は日本のまちづくりにおいても大いに参考となる。かつて栄華を誇った産業（ここではフェリー産業）が衰退したあとに都市再生をあきらめるのではなく、新しい産業＝芸術をまちづくりに絡めて前向きに進んでいる。

しかも、アートによる再生はそれ自体が中心市街地の文化や地域に根ざすものなので、郊外に新しく建て

図5-4　古い建物をアート風の空間（全方向ガラス張り）にリノベーション

2010年10月に筆者撮影。

られた大型小売店舗との差別化が可能となる。今後のフォークストーン市のまちづくりの動向に注目したい。

マーゲート市とは

次に、フォークストーン市の隣町であるマーゲート市の再生についてみてみよう。[4] マーゲート市もアートをモチーフにしたまちづくりに熱心な自治体である。日本では通信教育事業で知られる株式会社ベネッセコーポレーション（本社、岡山県岡山市）が主体でアート事業を展開する香川県香川郡直島町（現代アート活動で知られている）が類似地域となる。

マーゲート市の衰退が激しくなっていた一九九〇年代、アートによる再生が試みられるようになり、芸術・都市再生分野に公的資金が投入された。また、同市は二〇〇二年に「目を開いて夢を見よう（Dreaming With Open Eye）」というタイトルの都市再生のマーケティング調査を実施したが、その結果芸術を用いた地域再生手法が浮かんだ。また、これをきっかけにマーゲート市が属するケント州全体の再生も考えるようになった。まちづくりの基本理念はアート・インスパイアーズ・チェンジ（Art inspires change：アートが変化を刺激する）という考え方で、アートがきっかけとなって同市や周辺自治体に大きな変化がもたらされることが期待された。

表5-1　財源と補助金額

財　源	金額等
政府からの補助金	200万ポンドの運営基金（2.6億円）
アートカウンセルからの補助金	50万ポンド（約6600万円）
県からの補助金	120万ポンド（約1億5600万円）
自主財源	残り40万〜50万ポンド（約5200万〜6600万円）は，不動産経営〔賃貸〕やトレーニーの養成などからの収入でまかなう。

出所：筆者作成。

現代美術館の完成（二〇一一年四月）

マーゲート市では二〇一一年四月に中心市街地再生の拠点として「現代美術館（Contemporary Art Museum）」がオープンした。一年間の来館者は約一三万人が見込まれている（二〇一一年四月時点）。同美術館の建設にかかる費用はカウンティ（県）、RDA（地域開発庁）、ターナーコンテンポラリー（運営企業、二〇〇三年に創立）、アートカウンセルなどが「マーゲート・リニューアル・パートナーシップ」というパートナーシップを組織して共同で負担することになり、事業の実現にいたった（美術館運営を支える補助金については表5－1を参照）。

こうした設立に関する助成に加えて、カウンティ（県）から一五万ポンド（約一八〇〇万円）の失業対策補助金も給付された。この助成金は失業者対策を目的としているが、市役所を経由して、その後にターナーコンテンポラリーが一部受け取ることとなった。日本政府が麻生政権時に実施された「緊急雇用対策プラン」と類似している。

このように先のフォークストーン市のケースと異なり、マーゲート市では国や地方の手厚い制度的財源を基礎にアートのまちづくりを進めている。

市民を巻き込め

ところで、都市再生には市民参加の視点が欠かせない。いわゆる市民を巻き込む工夫が必要であるが、マーゲート市はこの点を重視し様々な工夫を施している。

二〇〇八年に計画がスタートした現代美術館であるが、この建物の屋根の形状をめぐって市民からいくつかの提案が寄せられていた。例えば、「屋根は平らなものよりも傾斜をつけたもののほうがよい」という意見があったが、こうした市民の意見なども幅広く取り入れることとなった。

さらに、同市は地元に出店している全国チェーンの大型スーパー「マークスアンドスペンサー」に働きかけ、一八ヶ月間の間アートギャラリー展を開催することに成功した。さらに、子供たちに対するワークショップも開催した。

その他、地域住民と連携し中心市街地南部の海沿いに停泊しているボートに注目しそのアート化を試みた。具体的には、停泊中のボートの外側に鏡をおいて二ヶ月間海に浮かばせた。この試みはフォークストーン市でも実施された。また、高齢者と若者との交流企画「タイム・オブ・アワー・ライブス（Time of Our Lives：わが人生の時間）」も実施した。アートとは直接には関係がないが、世代間の交流を促進する試みであるこの企画は、若者がコンピューターの知識をお年寄りに教え、お年寄りは一九六〇年代の歴史について語る、というものである。この結果、世代間で会話が生まれコミュニケーションが促進されたという。

アートをモチーフにしてまちおこしをする際に市民を巻き込むことはとても大切である。この重要性にマーゲート市は早い段階から気づき、市民の意見を取り入れながらアートを用いた積極的なまちづくりを展開している。

図5－5　空き店舗にアートを

ショーウィンドーの部分に芸術作品が飾られている。2010年10月に筆者撮影。

商店街の空き店舗対策もアートで実施

ところで、マーゲート市には「空き地イニシアティブ基金」というものがある。これは家賃補助など中心市街地の商店街の再生のための助成金であるが、空き店舗対策として以下のユニークな試みを実施している。それは、空き店舗を「アート化」するものである（図5－5参照）。

今回、ヒアリング調査に応じてくださったミッシェル氏とファーミン氏[5]はともに地元の芸術家だが、彼らは市役所の依頼で空き店舗の内部に彼らの作った作品を展示し、窓ガラスにも装飾を施した。最初は空き店舗での作業を怪訝気に見ていた通行人も、作品が完成するにつれて立ち止まるようになったという。アメリカのメディア（新聞）にも掲載された。

この事業が商店街にもたらした経済効果は注目に値する。その効果とは、①空き店舗へのアートの提供→②人々の関心を刺激→③空き店舗の再生と付加価値の増大→④地域社会、特に地元の学校を巻き込んでの再生、という筋道を経て最終的に街の雰囲気を明るくしたことである。特に、アートを施した空き店舗に人々が立ち寄る場合にはそこに市役所担当部局の電話番号などが書かれており、出店に関心のある人はそこに電話をすることで家賃などの情報を得ることができる。また、情報を受けた市役所の職員はどのような店舗がよいのか、出店希望者に助言することにより一層空き店舗対策が進む。似通ったような店ではないほうがよいなどのアドバイスをすることもある。

マーゲート・芸術創造へリテージ（MACH）

続いて、「マーゲート・芸術創造へリテージ[6]（Margate Arts Creativity Heritage：MACH）」と呼ばれるパートナーシップ組織（NPO）について述べたい。これは、イングリッシュ・ヘリテージ、アートカウンセルなどから助成を受けた機関である。この組織の主な任務はマーゲート市を海浜都市として再生させることであるが、当面は現代美術館の運営支援を中心に行っている。

さらに、「ドリームランド（街の中心部に隣接する遊園地）の再生計画」と呼ばれるプロジェクトも手がけている。かつて（一九七〇年代）、大人気だった遊園地ドリームランドは、その後地域の衰退とともに二〇〇三年に閉鎖された。閉鎖は経済的な事情によるものであったが、住民の心にぽっかり穴が開いたようになったという。そこで、かつて魅力的であった場所を再生させようとして、話題になったのがこのドリームランド再生プロジェクトである。

今後は、現在は立ち入り禁止である場所（かつてのジェットコースター、シアター等〔テューダー朝の建物〕）を市民に開放して楽しんでもらうことも検討している。また、それに合わせて地元の宿泊施設の整備事業も実施している。さらに、観光客向けのB&Bをホテルに用途変更したり、様々な技能を有した人をこの地に呼んで新たな産業を創造したりする計画もある。また、ホテル経営をより活発化させるために経営者向けのガイドブックも作成した。

日本でも、近年では経営破綻した長崎県佐世保市のハウステンボスが民間企業HISによって再生された事例が注目を集めているが、イギリスでも似たような形で再生に取り組んでいる点は興味深い。

都市計画者、不動産業者のそれぞれに対して、総合的な見地から都市再生の手法を誘導する。ドリームランドについても順次計画を実行中であるが、どこまで実現できるのか未知数である。計画強制収用法の実行などを含めて施策を検討中とのことである。

マーゲート市の挑戦

マーゲート市のまちづくりについてまとめてみたい。

第一に、マーゲート市はフォークストーン市と異なり、その資金の拠出が国の補助金とパートナーシップに依拠している点にある。芸術を中心とした再生については、すでにリバプール市とグラスゴー市などが一般に知られている。これらの都市では、地域や時には国外の都市なども巻き込んで再生事業に着手しているが、この点、マーゲート市はリバプール・グラスゴー型に属するといってよいであろう。寄付文化が未熟な日本では、慈善家に過度に依存する都市再生は現実的ではないので、パートナーシップ型の都市再生であるマーゲート方式がより現実的であろう。

マーゲート市の第二の特徴は空き店舗を芸術空間として利用している点である。日本でも「シャッターアート（シャッターにアートを施す）」などの取り組みでは静岡県富士市の吉原宿が知られているが、マーゲート市の場合は店内にまでアート装飾が施されている。

そして、第三の特徴として現代美術館の開業を挙げたい。日本でも石川県金沢市で二一世紀美術館が完成し（二〇〇四年）、その後一年以内に一五〇万人ほどを集客するなど、アートをモチーフにした再生例も出現している。マーゲート市の現代美術館が観光の起爆剤になるのかは今の時点では未知数だが、隣町のフォークストーン市と共同で取り組むことでより効果的なまちづくりが期待できよう。

当然ながら都市の個性、差別性は強いので郊外の大型小売店とは違う魅力を示すことができよう。

3　イギリスの観光地に学ぶ再生策——都市の個性を大切に

本章では、観光都市の再生例としてのブライトン市とロンドン南部の芸術をモチーフとした再生例としてのフォークストーン市、マーゲート市について見てきた。本章で紹介した地域は保養地や芸術などはっきりした都市の個性を打ち立てている点にその特徴がある。

ブライトン市の場合は長期にわたる地域の再生、またコミュニティの再生に利用できる資金の活用に特徴があり、観光型の再生にはこうした長期的視座に立った再生策が必要である。かつての保養地の名声にあぐらをかかず、市町村合併を契機によりいっそうの魅力づくりに取り組む姿勢は日本のまちづくりにも大いに参考になる。

また、フォークストーン市やマーゲート市のアート（芸術）をモチーフにした再生策は個性的な都市づくり（センス・オブ・プレース、センチメンタル価値）に貢献しており、興味深い一例である。

ところで、日本でも、近年大分県別府市の中心市街地が空き店舗に芸術家を誘致するなどの策を試みている。同市では二〇〇五年からNPO法人BEPPU PROJECT（代表、山出淳也氏）と呼ばれるアート系のまちづくり実践プロジェクトが立ち上がり、二〇一〇年三月現在までに数々のアートと連動した中心市街地活性化の取り組みを展開している。二〇〇六年一一月には「アートNPOフォーラム」を開催、また二〇〇七年には創造都市国際シンポジウムを開催し、二〇〇八年八月にはPlatform整備事業を実施した。さらに二〇〇九年四月から六月期には混浴温泉世界と呼ばれる国際芸術祭を実施した。

事務局広報チームの試算によると、こうしたアートイベントの結果、広く別府市が認知されることになり、その宣伝効果は約二八億円に達したという。日本ではその他、アートやその都市固有の景観を活かした再生事例も多くなっている。

しかし、その多くはモデル事業的な位置づけであり、持続可能なまちづくりであるかどうかについてはまだ未知数といえる。今後の展開に期待したい。

フォークストーン市やマーゲート市の再生事例は、外部からアーティストを積極的に呼び寄せ定住させたり、新しい美術館を建設したりと「持続可能なまちづくり」への努力が垣間見られる。

日本でも観光地になりきれていない地方都市では、今回事例として扱ったアートによる再生を参考にするとよい。こうすることで、仮に中心部の商業的なパワーが弱くても別の魅力が創出され商店街全体の需要を増やすことができるからである。

注

（1）現地でのヒアリング調査では、女性市長が笑顔で私たちを迎えてくださった。アフタヌーンティを頂きながらの約二時間、同市の歴史やまちづくりなどについてお話をしていただいた。実は市長自らが説明してくださるとは知らされてなかったために、最初はイギリス流の冗談かと思ったほどである。

（2）高橋厚信・宮下清栄・高橋賢一「観光都市にみる中心市街地疲弊要因に関する考察」『土木計画学研究』第二六号、二〇〇二年を参照。

（3）http://www.ucalgary.ca/EV/designresearch/projects/2001/Urban_Regeneration/chapter 6.pdf 参照。

（4）二〇一〇年一〇月二七日、マーゲート市（一九六〇年代からの保養地）の現代美術館の職員ビクトリア・ポムリー部長（Victoria Pomery 氏）にインタビューを実施した。

（5）ジャスティン・ミッシェル氏（Justine Mitchell）とエミリー・ファーミン氏（Emily Firmin）（両人ともに芸術家）にヒアリング調査を実施した。

（6）同市マーゲート・芸術創造ヘリテージに勤務するソフィー・ジェフェリー氏（Sophie Jeffrey）にヒアリング調査を行った。

終　章　日本の商店街再生への道
——イギリスの都市再生から何を学ぶのか——

本書ではこれまでイギリスの都市再生について、主に中心市街地の商店街等の再生を中心に議論を進めてきた。

イギリスでは二〇一〇年五月に労働党から保守党への政権交代が実現し、緊縮財政策を中心としたいわば「民活」政策が継続している。公務員の四割削減や大学の学費の値上げなど財政再建を進めるキャメロン保守党政権は、都市再生分野においても都市開発公社の復活、そして経済再生特区の再指定（エンタープライズゾーン）などを実施する予定である。

中心市街地政策もしかりである。

最終章ではこれまで見てきたイギリスの中心市街地活性化策を簡単に振り返るとともに、日本の中心市街地問題の本質を指摘し、最後にその処方箋について考えたい。

1　シャッター通りにさせない7つのキーワード

イギリスに学びたい中心市街地再生手法は、以下の七点に要約されるといってよい。

1．二大政党制が定着しているイギリスでは、政党が変わるたびに相手の都市政策を単に否定するのではなくよいところは取り入れるような形で改正している。一九七九年からサッチャー政権以降、土地に関する様々な規制緩和がなされ、そして一九九七年からの労働党政権以降はこれを補完する形で、地域再生を一手に引き受ける専門機関ＲＤＡ（地域開発庁）が設置された。二〇一〇年からの再度の保守党政権にはＲＤＡは廃止され、ＬＥＰ（ローカル・エンタープライズ・パートナーシップ）が新たに導入されたが、これは前政権のＲＤＡを補完したものである。都市政策の効果は長期に及ぶので、ある程度の引き継ぎ・継続は必要である。

2．中心市街地への投資が近年増加しているが、開発の優先順位を中心市街地に定めたＰＰＧ６（Planning Policy Quidance No.6、二〇〇九年一二月にＰＰＳ４へ改正）の果たした役割が大きい。ＰＰＧ６が本格導入された一九九三年より、郊外型の大型小売店の出店に歯止めがかかった。日本も現状を踏まえつつ、この制度を参考・導入すべきであろう。

3．イギリスの商店街はその約八割が全国チェーン店で構成されている一方、日本の地方都市の商店街に全国チェーン店が占める割合は約一割から二割程度しかない。日本の商店街は個人経営のいわゆる独立店舗が極めて多く、こうした独立店舗もとても魅力的だが、そればかりでは一度衰退が始まると後継者が決まらず、結局経営が行き詰まってしまう。ほどよいバランスの全国チェーン店の存在も活性化には必要であろう。

4．イギリスの商店街は品揃えが豊富で、高価なものも買える。さらに中心市街地の観光客の多くが「中心市街地は歩いて楽しいから魅力的である」と回答している。つまり、街の回遊性が高く、ショッピングを含め憩いの空間を形成している。やはり買い物の魅力が高まらないと、日本の商店街はシャッター通りのままとなる。

5．イギリスの中心市街地商店街の街並みは古く伝統的なたたずまいを残し、店舗の中身（サービス）は新しいという「コンバージョン型」の再生策が主であった。日本の場合、あきらかに「外観」「景観」に無頓着な商店街が多い。本来、買い物の魅力には買い物環境、つまり景観価値も含まれる。日本でも滋賀県長浜市をはじめ、景観に配慮した町の再生が話題になっているが、こうした方向を日本の商店街も目指すべきである。

6．中心市街地の駐車場は必ずしも無料ではないが、集客には成功している。つまり、日本のように車社会の進展や中心市街地の駐車場が有料である点などはイギリスでは不利な材料とはなっていない。つまり、中心市街地の「魅力」が「コスト」を上回れば、必ずリピーターはつくであろう。

以上がイギリスでの中心市街地活性化の主な特徴であるが、こうした六つの要因が相互に絡み合って

7. 郊外型大型小売店舗と中心市街地商業施設との差別化・共存関係の構築に成功している。

これが、特に本書で強調したい点である。

日本では、地方都市の中心市街地商業施設の衰退は郊外型店舗の存在によってもたらされたもの、と一般に固く信じられているが、本書で検討したようにイギリスのデータはそのような仮説を支持しない。

日本人的な発想では、モータリゼーションが進展した現在、郊外型店舗が出来ればそちらの近代的商業パワーに圧倒されて中心市街地は衰退すると考えるのが自然だ。中心市街地の駐車場も郊外型店舗と比較して高く（有料）であり、また場所が点在し、わかりにくいとの欠点もある。

しかし、モータリゼーションの進展や中心市街地の駐車場事情は日本もイギリスも変わりないのである。例えばケンブリッジ市の中心市街地の立体駐車場も一時間三ポンド（約四五〇円）かかる。安くはない水準だが、中心市街地が寂れないのは街の魅力がこうした交通費等を差し引いても上回っているためだ。

そして、その理由として中心市街地に歴史の匂いを残しながら再生させるコンバージョン型の再生手法の採用が挙げられよう。

2　日本の中心市街地問題の本質

さて、イギリスの事例を踏まえてここで日本の中心市街地問題の本質と活性化について話を移したいが、その前にわが国の中心市街地施策の近年の動向について簡単に触れておこう。

日本の中心市街地に関する施策は一九九八年から二〇〇〇年にかけて相次いで導入された中心市街地活性化法、改正都市計画法、大規模小売店舗立地法などに代表される「規制緩和型都市政策」にその特徴がある。これら三法は「まちづくり三法」などと呼ばれているが、大型のショッピングセンターを自由に立地させること、そしてその結果として予想される中心市街地の衰退を防ぐため、活性化を目的とした補助金を投入（イベントやインフラ整備などの補助）したことに特徴がある。

しかし、この結果、政府も認めるほどに中心市街地の衰退は進んでしまった。二〇〇五年二月二三日、産業構造審議会・中小企業審議会合同部会に提出された旧まちづくり三法に関する資料「人口の増減と中心市街地の小売売上高の関係」によると、一五五都市（人口一〇万人以上の都市圏のうち、中心都市が二〇〇三年一〇月までに中心市街地活性化基本計画を策定している市、東京都、政令指定都市を除く）の中心市街地で人口が減少したのが一二五都市に達していることがわかった。

また、人口規模が一〇万人以上の地方都市の八〇・六％が中心市街地の人口を減らしており、中心市街地の人口と小売の売上高が同時にマイナスとなった地方都市は八二％であった。なお、中心市街地が人口を減らし、それでも中心市街地での売り上げを伸ばした地方都市はたった二都市しかない（人口一〇万人以上の都市）。

筆者は、中心市街地活性化基本計画を策定し、国の認可が下りた七五地域の中心市街地の活性化の状況（中心市街地人口の変化、地価の変化、観光客の変化）について二〇〇九年に分析調査を行ったが、同様の結果を得ている[1]。

このような結果となった主要な要因について

1. 日本の場合中心市街地の土地は個人所有が多く、また、地主・家主の一部はバブル期にある程度の富を蓄えているケースもあって、後継ぎがいない店舗では土地を第三者に貸してまで商売を続けようと思わない（土地が資産として保有され、第三者に貸したがらないという問題）。

2. さらに中心市街地の個人商業主は資本力が弱く、全国資本のチェーン店に比べ品揃えが悪い傾向にある（資本力の問題）。

3．このような状況にもかかわらず、一九九八年から二〇〇〇年にかけて土地の規制緩和（大規模小売店舗立地法の導入）がなされ郊外型の大型小売店舗の立地が容易になった（法律の問題）。

4．その結果、大型店の強力な資本力に裏づけされた「豊富な品揃え」に圧倒された中心市街地の商店街は衰退度を加速させた。

と筆者は考える。

一方、イギリスでは中心市街地は一般に借地が多く商店街は現代的な商品ニーズをうまく捉え、品揃えは豊富である。さらに、イギリスの中心市街地には歩いて楽しいショッピング空間の魅力（屋外での回遊性の魅力）が加わり、郊外に強力な店舗ができても対抗できる力を有している。繰り返しになるが、イギリスには中世の外観を有するような建物が多く建物の高さなども統一されており、地元客ですら毎日観光気分を楽しむことができる。

日本の場合は新陳代謝力の落ちた空間の中心市街地と、近代的で品揃えが豊富な郊外型大型小売店との闘いになり、こうした「競争策」は政策とはいえず、「淘汰」になってしまう。いくら中心市街地でイベントを実施してもアーケードを修復しても、近代化されて品揃えもよく、徹底的な販売管理がなされた郊外型店舗の魅力にかなうわけはない。よほどの政策的な仕組みづくりを行わないと活性化は難しいのである。

3　まちづくりの希望を取り戻すための再生策

さて、こうしたことを前提に日本のシャッター通りを再生させるにはどうしたらよいのか。以下、本書の冒頭で述べた

「まちの魅力」－「交通コスト」＝「リピーター度」

の方程式をヒントにまとめてみたい。つまり、この方程式によると、顧客（＝リピーター）が多い商店街は魅力があって、交通費が安いということになる。

つまり、日本の中心商店街の商店街の個性・魅力をいっそう磨き、郊外型大型小売店には真似ができない何かを探り（＝差別化）、商店街を訪れるコストを最小化させれば、イギリスのように日本の中心市街地も再生の可能性は十分にあると筆者は見る。以下、具体策を見てみよう。

魅力創出の視点から

第一は、「商店街の観光地化」である。イギリスでは、観光客に限らず地元客ですら楽しめる伝統的で優美な中心市街地が一般的である。建物は高さが統一されており、中世のたたずまいを残している。例えば本書では「観光に向かない街」として紹介したシェフィールド市ですら街の中に文化財は並び、観光目的で来る顧客も少なからずいる。一方の日本は多くの中心市街地が観光地化をあきらめてしまっているところが多い。

しかし、最近のデータによると、顧客を着実に伸ばしたのは日帰り観光客の誘客に成功した中心市街地である。その代表的なものが、北海道小樽市（運河の再生）、大分県豊後高田市（昭和レトロのまちなみで再生）、そして滋賀県長浜市（黒壁をモチーフに街かど再生）などである。いずれも、「恣意的」に観光地化に成功している。さらに、民間人の中でリーダー的存在が自然発生的に生まれ、仲間を集い資金を捻出し経営リスクを共有している点も特徴的だ。

第二に、個性の差別化キャンペーンの実施をお勧めしたい。イギリスでは店舗（土地）の新陳代謝がよく、その点で中心市街地には若い経営者を中心とする魅力的な独立店舗のみならず、全国的なチェーン店も多い。しかし日本の場合は土地市場が流動的でないために、後継ぎがいない店はそのまま空き店舗になる可能性が高い。当面の間この状況を前提とするならば、商店街は「差別化」により郊外の店舗と異なる魅力を醸し出すほかない。郊外型の大型小売店舗に比べて中心市街地が強い部分は何か。地域ごとにそれを徹底的に調べるのである。例えば、大量生産されていない商品を売ることなどはいかがだろうか。
　郊外の大型小売り店舗の場合、その多くはどうしても大量生産・販売を前提としているので、例えば食料品の場合には腐食させない工夫を施す（添加物を入れる）。近年、日本では健康に気遣い人も多く、添加物のなるべく少ないものを求める傾向にある。だから、中心市街地の商店街などでは添加物が極力少ない新鮮なもの、また高知市で名高い日曜朝市のように生産者の顔が見える新鮮な野菜を売ることで地域ブランド化を試みるとよい。高知市の日曜朝市は平均して一日に一万六〇〇〇人の集客がある(2)。

図終－1　滋賀県守山市のバルイベント
同市のまちづくり会社勤務の石上僚氏撮影。

　また、近年流行のバルイベント（バルとはスペイン語で居酒屋の意味で、一晩に数件のバルを食べ歩くイベント）などを実施するのも一案である。バルは二〇一〇年以降全国的に流行っており、滋賀県守山市などが特に集客に成功したことで知られている。中心市街地は屋外空間に特徴があり、季節を味わうことができる。ポケットパークと呼ばれる小さな公園や、川や水路を利用し、独自の魅力を出してみるのもよいだろう。公園や水路の周辺でフリーマーケットをやってもよいし、川に小船を浮かべてミニ遊覧を行ってもよい。いずれにしても、中心市街地だからできる得意分野をもっと演出してほしい。

「コスト（中心市街地商業施設への交通費）」削減の視点

続いて、交通費などの「コスト」を減らす工夫について述べたい。

イギリスのデータによると駐車場代金が有料であることはさして問題にならないが、日本の場合、駐車場代の無料化・補助金の投入などの注力する地域が多い。繰り返しになるが、筆者はコスト削減よりも魅力増大のほうに力点を置くべきと考えるが、どうしても駐車場が気になる地域には以下の提案を行いたい。

例えば、日曜日のみ中心市街地の路上駐車を無料にするというのはどうだろうか。シャッター通り化が進んでいるのならもともと中心部の人口密度は低く、さして問題にならないであろう。

もしくはＬＲＴ（路面電車）など公共交通機関を積極導入・充実させるのはいかがだろうか。ＬＲＴは多額のコストがかかるために導入に向けて慎重な自治体が多いが、レトロ感を取り戻し街の雰囲気を一新したり、エコに優しいまちづくりを実施したりするためには必要なものである。観光地として個性をもたせるならフランスなどで急増しているLRTの導入も検討に値する。

再生のための制度（都市計画・土地所有）の再生を

ところで、最後にこうした「魅力」の増大、「コストの減少」に加えて、それを下支えする制度インフラの整備を提案したい。制度インフラとは「土地制度」や「都市計画」などに改良・変更を施すことである。

その第一に（繰り返しになるが）日本版の都市計画、PPG6の導入を提言したい。イギリスの都市政策が既存の開発地（中心市街地）の有効利用に優先順位を与えたのに対し、日本の場合は郊外の農地開発（市街化調整区域）が促進されてしまった。日本では、個人の財産権が極めて強いために特に権利関係が錯綜している都市の中心部での利害調整を避けた結果、農地開発が促進されたのである。

PPG6があれば、中心市街地に都市開発・再生の優先権が与えられる。この結果、全国的な資本力をもった商業施設も中心市街地から再生を始めなければならなくなる。長期的に見れば街の中心市街地から常に土地利用の新陳代謝が図られることになるので無駄な都市の拡張を防ぐことができる。人口減少時代に注目されている、都市のコンパクトシティ化（都市の集約化）も達成できる。

そして第二が空き店舗や空き地などの土地を流動化させることである。

商店街の空き店舗問題も土地問題に帰着する。中心市街地の土地の多くは誰かの私有地である。一方で市民にとっての中心市街地は公的なものである。この矛盾に対する抜本策は、土地を地権者に所有させたまま「利用」を促進させることである。

合意形成（政治面）での課題はあるものの、例えば、長期にわたる空き店舗については固定資産税の税率をわずかに加算し、一方で第三者に店舗を貸した場合には固定資産税の減免措置を施す、などはいかがだろうか。農地では市街化区域内農地の宅地並み課税、つまり都市部の農地の課税が強化された。この結果、多くの農家は農地売却ではなく農地転用を選んだ。その結果、農地の所有権は農家に残されたまま「新しい利用」は促進された(3)。

日本のように、個人の財産所有権が強く、かつ都市計画法が弱い国では思うような都市づくりができない。財産の所有に対し税率を強化するのは現実的には難しいかもしれない。しかし、公共の福祉的発想を前面に出し、さらに都市計画法という都市の公共性に依拠した法律を手がかりに税制を整えることは可能である。

もうひとつは商業地における定期借地権の設定である。商店街の土地を一定期間第三者に貸し、その利用については都市計画コンサルや行政などの専門家集団にゆだねるという手法である。地主は定期借地権を設定しそのかわり地代を受け取ることができる。なお、定期借地権とは土地の所有者の所有権はそのままで、一定期間第三者に貸し出して、期限が来たら一〇〇%返して貰う、という制度である。

香川県高松市の丸亀町商店街では、地権者二七人が六〇年間の定期借地権を設定することに合意し、商店街地区の上層階部分に高齢者向けマンションを誘致した（販売平均価格は二〇〇〇万円と安価）。この結果、これまでに土地の所有者たちは年間七%から八%の配当を受けとることができた。この計算だと、約一五年で売却に匹敵するほどの配当が実現できることになる。こうすることによって、土地の有効利用が進み、家賃も市場で必要とされる水準に均衡し、市場への参入者も増加するであろう。

しかし、再開発には多くのカネとリスクがかかるので、この丸亀町商店街で行われたようなタイプの再開発の実現が難しい地域では、例えば、以下のような工夫もある。

筆者が近年注目しているのが、シャッター通り商店街における最低家賃水準制度の導入（初期の家賃の極端な減額）というものである。この契約の下、新しく店を開く人は十分な黒字の売り上げを得た場合にその一部を家賃に還元するという「応益家賃制度」も合わせて実施する。

初期の契約家賃は極度に安く、その後店の売り上げに比例して最終家賃を決めるこのやり方（家賃スライド制という）はすでに新潟県新潟市（新津《にいつ》地区）で実践されている（新津商工会議所）。すでに、数店舗がこの制度を用いているが、なんといっても売り上げがない場合は家賃が安くなるのが借主のメリットである。例えば、一坪二〇〇〇円契約とした一〇坪の店では、約二万円の家賃で最低家賃が決まる。一年後、店の収益が黒字であると確定した時点で、その何割かを翌年の家賃に上乗せするという手法である。

シャッター通りであるにもかかわらず、一般に空き店舗の家賃は高い傾向にある。これは、家賃のヒステレシス効果と呼ばれているが、(4) これを食い止めるのがこの「最低家賃水準制度」もしくは「応益家賃制度（家賃スライド制）」である。

この制度が普及すれば、新しくビジネスを始めたい若者にとって開業リスクは低くなり、土地利用が促進されるであろう（特にシャッター通りにおいて）。何よりもその地域で商売し、生活する若者が増える可能性すらある。

筆者のゼミ生が経営するカフェWｉｔｈでもこの制度を利用して二〇〇五年から継続的に運営している。資本力がほとんどない学生でさえ、開業できるのだからどの地域でも可能な制度といえる。

都市問題の難しさは、それが土地空間と不可分であり、よほど計画的に進めなければ長期的には非効率なものとなってしまう点である。

短期的な都市の満足度の最大化と長期的なそれとが異なるために、それを調整するのが都市計画であるが、残念ながら日本ではミニ開発を含めその場限りの土地開発が許され続けてきた。大事なのはいかに都市の品格を保ち、伝統を継承し、文化的な都市を形成するのか、そのための処方箋を地域ごとに模索することにある。中心市街地の商店街の問題はこうした意味で、古くて新しい問題でもある。

二〇一一年三月一一日に発生した東日本大震災を受けて日本は大きく変わろうとしている。これからの時代、浪費社会は許されない。経済の面ではますます節電が求められ、省エネ社会が到来するであろう。これに関連して空間戦略では省エネ効果のあるコンパクトな防災まちづくりが望まれる。青森市の試算では、一九七〇年から二〇〇〇年までの三〇年間で、同市内のたった一万三〇〇〇人の郊外転出のために、約三五〇億円以上の郊外開発等のコストが必要となることがわかった。こうした資源、エネルギー消費型の社会は避けなければならない。中心市街地の再生は単にシャッター通りを再生させるだけにとどまらない公的な意味をもつ。

イギリスではすでにそのような節約型のまちづくりが当たり前のように進められてきた。

イギリスに学ぶ点は、やはり多い。

注

（1）足立基浩『まちづくりの個性と価値』日本経済評論社、二〇〇九年参照。

（2）二〇一二年九月一八日、現地でのヒアリング調査による。

（3）しかし、副産物として駐車場転用のみが極端に増えてしまった。詳細については、『三大都市圏における都市農地の現状と有効利用に関する研究』（橋本卓爾研究代表、科学研究費基盤B調査報告書、一九九九年）の「アンケート調査」（足立基浩著）、一一三～一六六頁参照。

（4）足立、前掲、九〇～九七頁参照。

参考文献

Cullingworth, B. and Nadin, V., *Town and Country Planning in the U. K.*, Routledge, 2006.

Robert, P. and Sykes, H., *Urban Regeneration*, SAGE Publications, 2008.

Tallon, A., *Urban Regeneration in the U. K.*, Routledge, 2010.

足立基浩『シャッター通り再生計画』ミネルヴァ書房、二〇一〇年。

――――『まちづくりの個性と価値』日本経済評論社、二〇〇九年。

――――「イギリスの中心市街地活性化に関する分析」『研究年報』（和歌山大学経済学会）第一一号、二〇〇七年。

川村健一・小門裕幸『サステイナブル・コミュニティ――持続可能な都市のあり方を求めて』学芸出版社、一九九五年。

高橋厚信・宮下清栄・高橋賢一「観光都市にみる中心市街地疲弊要因に関する考察」『土木計画学研究』第二六号、二〇〇二年。

西山康雄・西山八重子『イギリスのガバナンス型まちづくり――社会的企業による都市再生』学芸出版社、二〇〇八年。

日本政策投資銀行編『海外の中心市街地活性化』ジェトロ出版、二〇〇〇年。

山崎亮『コミュニティデザインの時代――自分たちで「まち」をつくる』中公新書、二〇一二年。

横森豊雄『英国の中心市街地活性化』同文館、二〇〇一年。

おわりに

私がイギリスの地をはじめて踏んだのは一九九三年の九月三日だった。会社勤めを辞め、思い切ってイギリスで修士号・博士号を取ろうと思った。わずかな手持ちのお金。まだ英語が上手くしゃべれないので、とりあえず、ロンドン大学のSOAS校でディプロマという資格（語学と授業が勉強できるコース）をとるために日本からやって来た。ヒースロー空港に降り立った後、電車に乗り、たどり着いたのはバービカン（Barbican）というサークルライン（ロンドン中心部を通る地下鉄）の駅だった。金融街シティの中にある。

この駅の近くに私の滞在する予定の寮（YMCA）があるはずだ。私は重い荷物をひきずりながら、YMCAに向かった。

疲れきったアジア人を哀れに思ったのか、ふと、イギリスの子供たちが私の周りに集まってきた。

私が彼らに行き先を話すと、

I will take you down to your destination, YMCA（案内するよ）！

と、確かこんなことを言っていたように記憶している。

子供たちは行くべき方向に導いてくれた。なんだか嬉しくて、あまり言葉も通じないのに互いに笑顔だった。

不安だった気持ちも一気に吹き飛んだのを覚えている。

そして、ロンドン大学のディプロマコースに通う毎日が始まった。英語が少し話せるようになった翌年一月ごろから様々な大学院の修士課程を受験することとなった。そして幸いなことにいくつかの合格通知を受け取ったが、この合格通知は日本にはない特殊なものであった。

それは「条件付合格」、という名の合格である。

イギリスでは大学院の受験には基本的に筆記試験はなく、書類審査と国家試験の英語の成績、また面接などで決まる。すべての結果が出てから合格させるのではなく、最低条件さえ整えば、とりあえず残りの条件は入学までに準備すればよいというのが「条件付合格」制度である。

その条件とは①英語の国家試験（ＩＥＬＴＳという）の成績で七・〇以上（ＩＥＬＴＳは九点満点で〇・五点きざみ。六・〇以上が普通に会話が可能なレベルである）をとりなさい、②現在、学んでいるロンドン大学のコースを「普通の（英語ではSatisfactoryという）成績で終了しなさい」、そして、③ちゃんと授業料が払えるか、何らかの形で証明しなさい、などであった。

そこで、この条件を満たすために七月ごろ英語の試験（ＩＥＬＴＳ試験）をロンドンのウエストミンスター大学会場にて受験した。

面接試験の冒頭、面接官にケンブリッジ大学を受験したいと話したところ、「ケンブリッジ大学のあなたの志望するコースはこの試験で何点必要なの？」と唐突に聞かれた……。日本なら受験に関する個人的な質問はされないはずだが、イギリスらしいと思った。

ケンブリッジを受けているので正直に「七点です」、というと、「そうか」と答えて、突然当時のボスニア問題、ＮＡＴＯの動向などを聞いてきた。当時の知識を総動員して答えたが、自信はなかった。しかし、その二週間後に受け取った成績は七・〇だった。

思えば、その一年前の夏、このロンドン大学のディプロマコース（大学院準備コース）を受験するときは日本から応募したのだが、受験はすべてファックスのやりとりのみだった。ロンドン大学の入試オフィスからは、TOEFLなど正式な英語のテスト結果の提示を要求されたが、「受験したことがない」と正直にファックスで書いたら、次の日に「(時間がないので)それなら、大学の英語の成績をファックスで送ってくれ」と連絡が来た。大学のときの英語はBやCだの、ろくな成績でなかったのに、翌日、

Congratulation(合格おめでとう)!

との返事が来た。あっという間に、ファックスのみの受験が終わった。

回りくどくて恐縮だが、実はこうしたやり取りの中にこそ、イギリスを理解するヒントが眠っているように思う。

つまり、本当の意味でイギリスの社会制度を理解するならばそれは、ある程度人を信じようとする性善説にもとづいた「規律」の存在にヒントがあるように思う。また、それを後押しするのが、イギリス国民がもつ「民力」と「自律」にあるように思う。

「子供のしつけを含め、おかしなことを許さない」という強いモラル。それは、整った街並

みにも反映されているような気がした。

街並みはみんなのもので、それを壊す建設、投機を意図する資本家のマネー力などは彼らの強い民力の前では許されないのであろう。だから、個人による土地所有は認めるが、開発することは簡単にはできないという制度を生んでいる。

個人の土地所有権が強すぎて、中心市街地など公共性を有する土地でも何もできない日本。都市計画が形骸化している日本とは違う姿がそこにあった。

そして、そうした制度の信頼の先には政府への信頼も含まれる。自分たちが選んだ国会議員と政府。日本では、アンケート調査で低い内閣・政党支持率が示されるケースが散見されるが、イギリス人から見たら滑稽に映るかもしれない。なぜなら、自分たちが選んだ政治家、政権だからである。市民、国民が生んだ政権。

それなのに、日本では選んだ側の責任（国民）は問われずに、選ばれたものの失敗ばかり追及するマスコミ。政府とは我々の鏡なのであり、独立した第三者ではない。

イギリスには成文憲法はない。時の権力を拘束する役割が憲法に求められるのだとしたら、イギリスではそれを必要としない理由は、実は（人を信じる）力強い民力と自律の精神が存在するからであろう。

本書の出版にあたっては、実に多くの方にお世話になった。和歌山市の中心市街地で老舗百貨店が倒産し、その後の行き詰ったときに彗星のごとく現れて空きビル再生に尽力してくださった故島和代氏（その後、この空きビルは「フォルテワジマ」として再生に成功）。商店街再生のために学生が経営するカフェにいつもお越しいただき、学生たちもお世話になった。

本稿執筆にあたり各種アドバイスを頂いたケンブリッジ大学土地経済研究科のピーター・タイラー教授、Ｐｈ・Ｄ（博士）コースの指導教官だった同校カナク・パテル教授、そして、ロンドン大学ＵＣＬ校の故マイケル・ウイットブレッド教授に謝意を表したい。また、二〇一三年六月に開催されたアジア不動産国際学会（京都大会）の際、中心市街地活性化に関する論文に有益なコメントをくれたケンブリッジ大学同窓のティエン・フー・シン先生（シンガポール国立大学准教授）。シン先生をはじめ、世界各国の研究者から本書のエッセンス部分について助言を頂いた。

和歌山大学経済学部教授の大泉英次先生には詳細にわたり様々なコメントを頂いた。ご本人も出版原稿などを抱え、お忙しい中、感謝はつきない。イギリスでの共同調査やその他校正作業において和歌山大学経済学部特任助教の上野美咲氏にお世話になった。ここに謝意を表したい。

また、ミネルヴァ書房の安宅美穂氏に大変お世話になった。私のつたない原稿をすべてチェックしていただき、読者の読みやすさの観点から写真の配置や目次の構成等についても様々なアドバイスを頂いた。若く、かつ職人気質のこの安宅氏に心より感謝したい。そして、私に対し、イギリス留学を支えてくれた父道彦、母光代、姉の真理、そして滋賀県長浜市の商店街で呉服店を営み、商店街の人情やコミュニティの暖かさを教えてくれた今は亡き祖母厚東寿代、そして（時を越えて）学者の世界の面白さを教えてくれた元大学教授の祖父足立仁と、祖父を生涯支えた祖母光子に感謝したい。

終わりに、私の曾祖父、鈴木貫太郎元首相（終戦内閣）の言葉で本書を締めくくりたい。執筆中、私を励まし続けてくれた言葉である。

「正直に腹を立てずに撓《たわ》まず励め」。

二〇一三年七月一二日

夏まっ盛りの和歌山を眺めながら

足立　基浩

索　引

（＊印は人名）

さ　行

た　行

な 行

は 行

RDA（地域開発庁）　6, 7, 19, 35-39, 42, 43, 46, 64, 100, 145, 161
RGF（地域成長ファンド）　40
RPG（地域計画ガイダンス）　61
RSS（地域空間戦略）　62, 64, 76
SRB（単一補助金）　7, 10, 32, 33, 39, 46, 70-72, 78, 79, 100, 137, 139, 140
SWOT（強み，弱み，機会，脅威）分析　13, 98, 99, 121, 137, 143
TCM（タウンセンター・マネジメント）　15, 74, 83, 84, 87, 90, 91, 92
TIF（Tax Increment Financing）　44
UDC（都市開発公社）　18, 24, 29-31, 36, 37, 101
UR（アーバン・ルネッサンス）　42

《著者紹介》

足立　基浩（あだち・もとひろ）

略　歴　1968年東京都生まれ。慶應義塾大学経済学部卒業後，朝日新聞記者，ロンドン大学SOAS校を経て，英国ケンブリッジ大学大学院土地経済学研究科にてPh. D.（博士号）取得（2001年）。フランス・ユーロメッドビジネススクール客員教員（2007，2010年）。

現　在　和歌山大学経済学部教授。
内閣府中心市街地活性化推進委員会　審議委員（2013年７月～），経済産業省中心市街地商業等活性化事業（人材育成事業）審議委員（2011年５月～），HCA（まちづくり組織）での活動のほか，MBSテレビ番組などに出演。

主　著　『シャッター通り再生計画』ミネルヴァ書房，2010年（平成22年度不動産協会賞受賞）。
『まちづくりの個性と価値』日本経済評論社，2009年。
『住宅問題と市場・政策』（共編著）日本経済評論社，2000年。

イギリスに学ぶ商店街再生計画
――「シャッター通り」を変えるためのヒント――

2013年10月20日　初版第１刷発行　〈検印省略〉

定価はカバーに
表示しています

著　者　足　立　基　浩
発行者　杉　田　啓　三
印刷者　藤　森　英　夫

発行所　株式会社　ミネルヴァ書房
607-8494　京都市山科区日ノ岡堤谷町１
電話代表　(075)581-5191
振替口座　01020-0-8076

亜細亜印刷・兼文堂

ISBN978-4-623-06719-0
Printed in Japan